流域水资源生态保护理论与实践

傅长锋　陈　平　著

天津出版传媒集团

天津科学技术出版社

图书在版编目（CIP）数据

流域水资源生态保护理论与实践 / 傅长锋，陈平著
. -- 天津：天津科学技术出版社，2020.6
ISBN 978-7-5576-8145-6

Ⅰ. ①流… Ⅱ. ①傅… ②陈… Ⅲ. ①流域—水资源
—生态环境保护—研究 Ⅳ. ①X143

中国版本图书馆CIP数据核字(2020)第107897号

流域水资源生态保护理论与实践
LIUYU SHUIZIYUAN SHENGTAI BAOHU LILUN YU SHIJIAN

责任编辑：刘　鸫

责任印制：兰　毅

出　　版：**天津出版传媒集团**
　　　　　天津科学技术出版社

地　　址：天津市西康路 35 号

邮　　编：300051

电　　话：(022) 23332377

网　　址：www.tjkjcbs.com.cn

发　　行：新华书店经销

印　　刷：天津印艺通制版印刷股份有限公司

开本 787×1092　1/16　印张 15.25　字数 300 000

2020年6月第1版第1次印刷

定价：58.00 元

作者简介

傅长锋 河北省泊头人,1963 年出生。天津大学工学博士学位,教授级高级工程师。1983 年参加工作,现任河北省水利水电勘测设计研究院总工程师。

主要研究方向:水利及水环境工程规划设计。主持完成了大中型水利工程规划设计与建设工程 100 余项,其中获省级以上优秀勘测设计、优秀咨询成果奖 18 项。获河北省科技进步奖 1 项、河北省山区创业奖 1 项、河北省水利学会科技进步一等奖 3 项。出版专著《农村饮水安全评价体系与饮水模式》《生态水资源规划》2 部,参加起草水利建设工程单元工程施工质量验收与评定系列标准《土石方工程》《混凝土工程》等 6 项,主持起草河北省地方标准 3 项。发表学术论文 34 篇。取得发明专利 3 项,实用新型专利 6 项。

2008 年荣获全国用户满意服务明星称号,2012 年授予河北省直五一劳动奖章。曾获河北省级优秀勘察设计工作者、河北省水利学会先进个人、河北省水利科教工作先进个人、河北省水利规划计划工作先进个人,河北省水利水电勘测设计研究院学术带头人、专业技术突出贡献奖等各种荣誉 20 余项。

陈平 生于 1983 年,河北省武安人。中国林业科学研究院生态学专业理学博士学位。2014 年到河北省水利水电勘测设计研究院工作,主要从事水生态、水环境治理工作,参与白洋淀生态修复、洋河水库水源地生态治理等水利工程规划设计类项目 10 余项。参与科研项目 10 余项,作为骨干和负责人完成河北省水利科研项目和博士后科研资助项目,曾获河北省高层次人才资助项目优秀等次、河南省科学技术进步一等奖 1 项、院优秀勘测设计产品一等奖 2 项和河北省优秀工程咨询成果一等奖 1 项。起草河北省地方标准 2 项。发表核心论文 10 余篇。取得发明专利 3 项,实用新型专利 1 项。

前　言

　　流域水环境恶化及其引起的湖泊、水库富营养化问题已成为当今频发的环境灾害之一。近年来,随着洋河水库流域城镇化脚步的加快以及农村产业结构的变化,水库水质恶化、水体富营养化加剧,严重影响了当地人畜饮水安全。因此构建全流域系统下的污染源识别、污染负荷估算和污染物迁移、扩散模型,计算各水系水域纳污能力,评价现状条件下各水系的水质状况,采取源头控污,沿程河道生态综合整治,重要沟口节点修建人工生态湿地深度处置以及入库河口处设置前置库湿地再进一步深度处置剩余污染物等一系列工程与非工程措施,保护水源地水质安全,确保入库水质达到理想的质量标准。

　　本书针对湖库流域的点、面源污染问题,从污染源—河流水系—入库河口(流域末端)的整体出发,研究湖库流域污染源识别、时空分布特征、污染物迁移转换规律;基于湖库流域生态水环境功能区水质目标要求,以最小的行政村庄或最小的子沟流域为计算单元,构建全流域污染物控制体系,流域网格化单元化、精准确定污染物迁移过程、节点消减目标;并以洋河水库流域为例,构建了"源头控污→生态河道综合治理→流域末端生态湿地(或称前置库)深度净化→整体效果评价"一体化湖库流域水资源生态保护技术体系。本书重点阐述了以下内容。

　　1.湖库流域水环境纳污总量控制管理技术平台,实现网格化单元化、精准确定流域内污染物负荷量。

　　2.湖库流域污染物运移扩散模型的构建过程。

　　3.针对流域各沟口节点水质目标,确定消减目标;实施流域源头、河道及流域末端等节点水生态环境协同治理措施。

　　4.科学制定流域末端水质目标,实现入库河流水质Ⅱ类水质达标天数不低于80%,Ⅲ类水质达标天数为100%。

　　5.不淤堵生态透水坝结构及其物理模型试验,初步探讨了透水坝淤堵随时间衰减的函数关系,突出了防淤堵创新结构。

　　6.流域污染源监控与预警机制。

　　本书第一章分析总结了流域非点源污染和水环境模拟研究中的关键问题。并针对洋河水库流域污染特点制定了研究内容以及技术路线。第二章对流域污染源、水文、地质等水环境进行了实地调查,创建了流域污染物数据库、地形数据库、土地利用数据库、降雨等数据库。第三章构建了降雨汇流模型以及污染物迁移扩散模型,并对模型相关参数进行了率定、验证。第四章分析完成了洋河水库各支流水系、各计算单元的纳污能力,对洋河水库流域污染现状进行评价,确定影响洋河水库流域水质的主要控制指标,进一步确定各单元污染物消减量。第五章制定了洋河水库流域污染治理实施方案,详述了"源头控污→生态河道综合治理→流域末端生态湿地(或称前置库)深度净化→整体效果评价"一体化湖库流域水资源生态保护技术体系。以各节点单元的控污目标为导向,确定消减量,确定入库河口处污染物残留量,合理确定河口前置库生态湿地工程规模,进一步深度处理后再进入水库。第六章详细论述了生态透水坝的作用,净化水质机理、设计的基本理论,论述了生态透水坝结构典型设计及其水工模型试验过程,创建了生态透水坝渗透水量随时间衰减的函数,提出不淤堵生态透水坝创新结构,对今后透水坝的设计、推广应用具有重要的指导意义。第七章构建了流域污染源监控与预警机制,为洋河水库流域污染防治以及水源地生态保护提供有力保障。

本书项目得到河北省高层次人才资助项目管理,博士后科研资助(项目编号B2016005007),为河北省水利科研计划项目。本书项目研发过程中得到水利部海河水委员会环境保护局、天津大学建工学院、天津大学水利工程仿真与安全国家重点实验室、秦皇岛市水务局、秦皇岛市洋河水库管理处以及河北省水利水电勘测设计研究院的大力支持和帮助。本书由傅长锋、陈平编写,李大鸣、戚蓝和林超三位教授对本书提出诚恳的意见和建议。参加本书编写的人还有李丽梅、李爽、及晓光、邵烨、季保群、顾立军、姚志帆、卜世龙、刘峥等。

受时间和作者水平所限,书中难免存在错误和不足之处,恳请广大读者批评指正。

作者

2020 年 5 月于天津

目　　录

第一章　绪　论

第一节　研究背景

洋河水库位于秦皇岛市抚宁区大湾子村北，于 1959 年 10 月动工兴建，1961 年 8 月基本建成并投入使用，控制流域面积 755km²，总库容 3.86 亿 m³，其中调洪库容 2.88 亿 m³，兴利库容 1.41 亿 m³，是一座以防洪为主，兼顾城市供水、灌溉及发电等综合利用任务的大（Ⅱ）型水利枢纽工程。洋河水库供水目标为秦皇岛市用水、水库下游洋河灌区农业灌溉用水和水力发电。

为缓解秦皇岛市用水的紧张局面，20 世纪 80 年代末修建了引青济秦工程。引青济秦工程以洋河水库为界，分为西线和东线。西线从桃林口小坝左侧跃进渠渠首隧洞出口处取水，通过明渠入燕河，经燕河入西洋河，进洋河水库。东线从洋河水库至水厂段采用自流方式。洋河水库是桃林口水库向北戴河中央暑期办公和秦皇岛市区供水的中枢。

自 20 世纪 90 年代初以来，洋河水库水体的富营养化问题越来越突出，藻类频繁爆发。水库富营养化使得总磷、氨氮、COD、BOD 超标，严重影响了秦皇岛市的城市供水质量，并且近年来洋河水库富营养化的状态呈不断恶化的趋势。

造成洋河水库富营养化的主要原因如下：一是水库上游严重的水土流失，运行五十多年的库区淤积了大量富含氮、磷等营养物质的底泥；二是西洋河系（主要是卢龙县北部地区）的甘薯种植面积不仅有了大幅度增加，而且淀粉加工量也剧增，使得水库上游的水土流失加剧，同时大量淀粉加工废水进入水库；三是流域内有相当多的生活污水、畜禽养殖粪便和生产废水排入水库。

洋河水库作为秦皇岛市唯一的一座大（Ⅱ）型水利枢纽工程，从建成伊始至今，在防洪保安、保障供水，支撑社会经济发展等各方面一直发挥着不可替代的作用。因此对洋河水库水源地进行环境治理及生态保护是十分必要的。

第二节　国内外研究现状

一、非点源污染研究进展

对于非点源污染的研究主要起步于 20 世纪中叶的一些欧美国家，随后逐渐在各国受到重视与发展。非点源污染的研究是开始于对其机理过程的认知，对非点源污染迁移转化的物理化学机制的研究是进行模型定量化研究的基础。就总体而言，对非点源污染的研究可以从研究角度出发概括为机理研究、模型研究与污染防治研究三个方面。

农村非点源污染机理研究主要包括降雨径流的研究、土壤侵蚀的研究。其中降雨径流是基础，土壤侵蚀是途径。

（一）降雨径流研究

1856 年 Darcy 提出的达西定律以及 St. Venan 给出的明渠非恒定流圣维南方程为降雨径流理论奠定了理论基础。真正意义上的降雨径流模型是 1935 年 Horton 的产流理论。随后各国学者纷纷对产流、汇流进行了大量的研究，与此同时出现了一些典型的研究成果：如 1978 年 Duune、Freez 等提出了坡面产流数学模型；1984 年赵人俊等人提出了蓄满产流、超渗产流理论；1921 年以 Ross 为代表提出的分散性流域汇流模型——等流时线法；Sherman 时段单位线；J·E·Nash 瞬时单位线；1979 年 Rodriguze-Iturbe 等基于地貌特征和概率方法提出的地貌瞬时单位线法；1935 年 G. T. McCarthy 提出的马斯京根汇流演算法等。20 世纪 50 年代美国水土保持局（Soil Conservation Service，SCS）提出的 SCS 曲线法，应用到流域水文模型中，模型简单，应用广泛，通过一组径流曲线数上（CN）综合考虑流域下垫面空间差异性，在一定程度上具有较高的精度。近年来，国外学者对 SCS 模型进行部分改进以及实现与 GIS、RS 组合的空间土地利用曲线数 CN 解译和可视化，取得了一些很好的效果。目前降雨径流的研究主要趋向于基于上述基本理论而针对研究侧重点和具体情况采取改进的模型化研究与应用，如 SWAT 模型、MIKE SHE 模型、Stanford 模型等。

（二）土壤侵蚀研究

土壤侵蚀是指土壤在内外力（如水力、风力、重力、人为活动等）的作用下被分散、剥离、搬运和沉积的过程。土壤侵蚀应用于非点源的研究是从 20 世纪 60 年代美国提出土壤侵蚀方程 USLE（TheRevised Universd Soil Loss Equation）和后来的修正侵蚀方程 RUSLE，模型的建立基于美国平缓坡地区资料，综合考虑了降雨、地形、植被覆盖、土壤可蚀性、水土保持等五大因素。20 世纪 80 年代后期，美国农业部研究出了基于土壤侵蚀物理机理过程的 WEPP（Water Erosion Prediction Project）模型。相比国外，我国的土壤侵蚀研究较早，早期的研究主要是实地调查、监测，基于统计原理采取量化估算；20 世纪中期，黄瑞采等学者对黄河上游陕甘地区、长江中游庐山等地区的土壤分布、特性与土壤侵蚀的关系等进行了深入的研究；1996 年李玉山等提出区域性土壤流失模型；近年来，许多学者在 GIS、RS 的支持下，研究了不同区域、不同土地利用类型土壤侵蚀规律。

国外对非点源的模拟研究较早，相关理论、概念、技术方法较为完善。20 世纪 70 年代以前多从 Horton 入渗方程、Green-Ampt 入渗方程、SCS 方程等水文与土壤流失方面对非点源的特征、负荷量输出关系进行研究，该阶段对资料要求低，计算简单且具有一定精度，但对污染物的迁移转化机理研究不足。20 世纪 70 年代中后期，是非点源污染模型的大发展时期，开始了用数学模型定量模拟污染物迁移、转化、水质变化等过程，并出现了模拟从以往长期平均到单次暴雨的时间尺度改进。其中有代表性的有：城市暴雨水管理模型 SWMM、城市地表径流模型 STORM、农业模拟的 ARM、流域尺度的 HSPF 模型等。20 世纪 80 年代以来，非点源污染模拟倾向于对已有模型实现管理、控制的完善化，开发了化学污染物负荷模型 CREAMS（Chemical Runoff And Erosion From Agricultural Management Systems）、流域非点源污染模拟模型 ANSWERS（The Areal Non-Point Source Watershed Environment Response Simulation）等，其中 CREAMS 首次将径流 SCS、土壤侵蚀 USLS、污染物集于一个综合系统中进行模拟污染物迁移过程。从 20 世纪 90 年代至今，分布式模型成为研究的重点，利用数学模型分析污染物的形成、扩散与运移过程。如美国农业部（UEDA）农业研究中心（ARS）基于 CREAMS 模型基础开发的 SWAT（Soil And Water Assessment Tool）成为应用较为广泛的流域非点源污染模型之一。近年来，随着计算机的蓬勃发展，将 GIS、RS 技术与非点源污染模型相集成成为研究的主流，为模型的计算提供了强大的前后处理分析模块。大多模型基于 GIS 建立在 ArcView、ArcMap 平台实现了建模、分析、管理的桌面化、交互式、动态化模拟。

在非点源污染模型的研究历史中，我国也做出了很大的贡献，特别是开始于 20 世纪 80 年代后期的研究，该时期对于桥水库、太湖、滇池等一些重点水库、湖泊的水质调查是我国现代意义上非点源污染的开端，表现为对国外的一些典型模型进行改进与针对国内流域地形、土地利用等因素的条件性移用，如 1988 年刘枫等首次将 USLS 运用于我国于桥水库非点源污染识别；1985 年朱萱等采用经验统计模型计算了农田污染输出量；1993 年陈西平将"3S"技术应用于城市径流悬浮物污染对河流影响的系统计算；1996 年李怀恩等建立了流域汇流非点源污染逆高斯分布瞬时单位线模型；李家科先后在渭河流域建立了灰色神经网络预测模型、支持向量预测模型、改进的非点源污染负荷自记忆预测模型等，对缺乏资料地区提供了有效方法。

二、水动力水质模型研究进展

水质模型发展于 20 世纪 20 年代中期，起初的水质模型主要集中于对氧平衡的研究，属于一维稳态模型，例如 Streeter 和 Phelps 提出的 BOD-DO 模型，美国环保局推出的 QUAL-I，QUAL-II 模型等。之后水动力水质模型不断发展，开始出现了多维模拟、形态模拟、多介质模拟、动态模拟等特征，如 LAKECO、WRMMS、DYRESM 及三维模型，20 世纪 80 年代之后模型不断深化和完善，并被广泛利用。现在常用的水动力水质模型有：WASP、Delft3D、SMS、EFDC、MIKE。

WASP 模型水质模型最早是由美国环保局 Athens 实验室于 1983 年开发的，之后经过几次修订，已成为美国环保署开发成熟模型之一。它可以对河流、湖泊、河口、水库等多种水体的稳态和非稳态进行模拟，功能多样，被称为万能水质模型。Delft3D 模型是由荷兰 deft 水利研究院开发，该模型可以对海岸、河流、河口地区的浪、潮、流、水质、生态以及泥沙进行输移运算，并包含有前处理模块（网格生成 RGFGRID、数据差值 QUICKIN）和数据的后处理模块（Post-Processing，简称 GPP）（Delft 对污染物的扩散输移运算）。SMS（Surface Water Modeling System）水动力软件是由美国 Brigham 大学环境模型研究实验室开发的，该软件可用于模拟和分析地表水的运动规律，并包含前后处理软件。EFDC（Environmental Fluid Dynamics Code）模型是一款免费的、开源的数学模型，可以对河道、湖泊、河口等水域进行有效模拟，是美国国家环境保护局推荐的水动力及水质模型之一。MIKE 模型有 MIKE11、MIKE21、MIKE3 等系列，含有水动力模块、对流扩散模块、水体富营养化模块、泥沙输移模块等，适用于河网、河口、湖库等复杂条件下的水动力水质计算。

除了以上常用水质模型外，还有一些适用于特定水体的水质模型，例如，由美国陆军工程兵团水道实验站开发的二维水质和水动力学模型 CE-QUAL-W2，用于模拟二维横向平均水动力学和水质，适用于湖泊、水库和河口等水域。AQUATOX 模型是淡水生态系统模拟模型，可预测营养物和有机物的迁移转化以及这些变化对生态系统的影响，包括鱼、无脊椎动物和水生生物。

相较于国外而言，国内对水动力水质模型的研究起步较晚一些，但也有一些成果，从低维到高维的模型都有涉及，李锦秀等以三峡整个库区为研究对象体。根据三峡水库河道型特点，开发了一维非恒定水流水质数学模型。彭红等基于河流动力学原理、污染物对流扩散守恒理论以及浮游植物为中心的富营养化动力学理论，建立了一维河流综合水质生态模型。陈凯麟等在正确模拟流场及温度场的基础之上，求解单步一级生态动力学模型，并用单因素分析法考虑水温对藻类生长过程影响的计算模式，并结合大型火电厂的建设，对该模型进行了验证和实际工作应用。焦玉玲等根据鞍山市西郊区水文地质条件，建立了双层渗流二维平面系统的数学模型。杨具瑞等根据暴雨径流污染物浓度变化特点，采用最小二乘法对暴雨期间各监测数据进行回归分析处理，对湖底糙率采用自动调整处理建立了湖泊暴雨经流水质模型。韩龙喜对三峡大坝一期围堰及二期围堰施工期不同水流、污染物运输特性进行了分析，建立了三峡大坝坝下水域三维水量、水质模型。

第三节 主要研究内容

（1）以洋河水库水源地为研究区域，调查研究该区域的村庄分布情况、社会经济情况及农业畜牧业发展情况，污染物主要按生活污水、固体废弃物、化肥污染物、禽畜排泄物、水土流失污染物、城镇地表径流六大类进行调查与统计。选用输出系数模型并根据相应的排放系数及入河系数以村庄为单位计算各类源头非点源污染物的负荷量以及含有的 TN、TP、COD、NH_3-N 污染元素量。

（2）根据洋河水库流域内的地势地形、坡度坡向以及河流水系的分布情况划分计算单元，保证每个单元内有一个单元出口。

（3）以《河北省农村经济统计年鉴》中的村为核算单位，通过建立泰森多边形得到村庄的模拟范围，根据村庄与单元的位置关系将村庄的污染物计算结果分配到各单元上，得到各单元的污染物及其元素分配结果，并对该结果进行合理性分析。

（4）利用 Fortran 程序语言编程，根据地形地势条件以及单元之间的坡度及坡向关系，确定各单元之间的汇流关系，同时建立降雨汇流模型与污染物迁移扩散模型，利用2013 年降雨资料、各单元污染物入河量、四个水系（东洋河水系、西洋河水系、迷雾河水系、麻姑营河水系）的入库水量以及入库河口污染物的实测资料，进行模型参数的率定。

（5）利用 2015 年的降雨资料、各单元污染物入河量、四个水系的入库水量以及入库河口污染物的实测资料对模型进行验证，确保模型的适宜性及可靠性。

（6）利用模型计算 90% 保证率水量下，四个水系各单元出口的污染物浓度以及计算各出口单元及沟口处水环境容量，并对当地水质进行评价。根据分析评价结果对污染物产生源头进行治理以及进行河道治理。

（7）通过将洋河水库流域信息库和本文研究的污染物迁移扩散模型集成开发，建立洋河水库水源地污染源监控与预警系统，为改善水质和保障饮用水用水安全提供科学依据和高效管理手段。

第四节 研究采用的主要方法和技术路线

主要采用实地调查、数学建模、工程措施与非工程措施相结合的方法，对洋河水库流域污染物的迁移扩散进行模拟计算，通过计算结果对洋河水库流域水质进行评价，并结合实际，提出水源地环境治理及生态保护的相关措施。技术路线如图 1-1 所示。

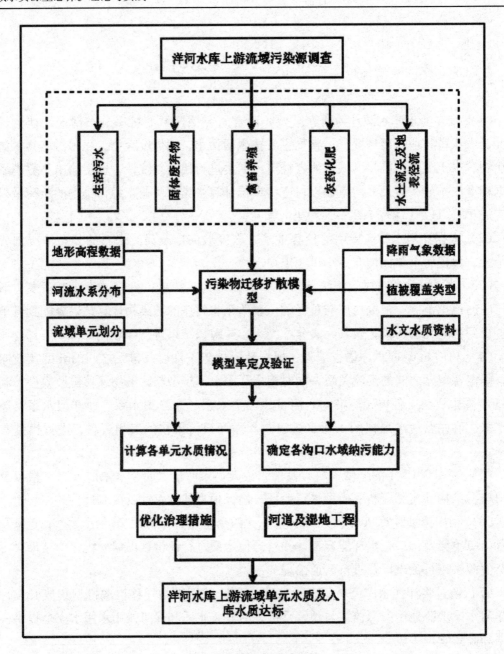

图 1-1　研究技术路线图

第二章　流域信息库构建

第一节　流域社会经济与及污染源调查

一、行政区划

洋河水库位于河北省秦皇岛市抚宁区城北 10km 处，始建于 1959 年 10 月，1961 年投入使用，具有灌区供水、泄洪、发电和城市供水功能，是秦皇岛市及北戴河地区的重要饮用水源地。主要入库河流有东洋河、迷雾河、麻姑营河和西洋河。洋河水库控制流域面积 755km^2，水库总库容 3.86 亿 m^3。

洋河水库流域涉及河北省秦皇岛市的卢龙县、抚宁区和青龙县三个县（区），详见表 2-1。

表 2-1　洋河水库流域行政区划表

隶属	乡镇名	河名	面积（km^2）	占流域面积百分比（%）
卢龙县	双望镇	西洋河	41.1	5.4
	陈官屯乡		65.1	8.6
	印庄乡		35.3	4.7
	燕河营镇		102.0	13.5
抚宁区	台营镇	东洋河	158.0	20.9
	大新寨镇		190.7	25.3
青龙县	隔河头乡	东洋河	57.7	7.6

东洋河和西洋河为洋河水库两条的主要入库河流。东洋河发源于河北省青龙县境内，往南经抚宁区境内的峪门口、大新寨到战马王村西折入洋河水库，山区河道地势较陡，全长 35km，流域面积约 306km^2，河道比降为 3% 左右；西洋河发源于河北省卢龙县境内北部的冯家沟，向东流经年家洼、燕窝庄、富贵庄至周各庄进入洋河水库，河长 25km，流域面积约 343km^2，该支流地势较缓，河谷开阔，河道比降为 5‰ 左右。两支流分别汇入洋河水库，出库后向南穿越京秦、京山铁路，于抚宁区洋河口村注入渤海，全长约 100km，流域面积约 1100km^2。洋河流域抚宁区以北为山区，约占全流域总面积的 70%，城区至万庄为丘陵地带，约占全流域面积的 12%，万庄至入海口为冲积平原

地带,约占全流域面积的18%。

二、社会经济发展情况

根据上游水系的发源及分布情况,对洋河水库影响较大的区域确定为卢龙县的双望镇25个村庄、印庄乡25个村庄、陈官屯乡33个村庄、燕河营镇38个村庄;抚宁区的台营镇69个村庄、大新寨镇50个村庄,青龙县的隔河头乡的6个村庄;三县七乡镇共计246个村庄,影响区内总人口为17.8万人,耕地面积26.67万亩,西洋河水系流域人均耕地2亩左右,而东洋河流域人均耕地只有1亩。上游农民的经济收入来源主要由农林产品收入、外出务工和在当地发展养殖业构成。具体见表2-2。

表2-2 洋河水库流域社会经济状况一览表

县(区)	乡镇	总人口(人)	行政村数	耕地面积(亩)	人均耕地(亩)	农民人均纯收入(元)
卢龙县	双望镇	17362	25	30895	1.78	9000
	印庄乡	15249	25	36320	2.38	8700
	陈官屯乡	26578	33	52146	1.96	8250
	燕河营镇	34072	38	63328	1.86	8000
	小计	93261	121	182689	1.96	
抚宁区	台营镇	43423	69	38791	0.89	7800
	大新寨镇	37058	50	42965	1.16	7500
	小计	80481	119	81756	1.02	
青龙县	隔河头乡	4335	6	2225	0.51	4500
合计		178077	246	266670	1.50	

三、流域土地利用分类

土地利用类型是表征流域下垫面信息的重要因素,通过改变地表径流、截流、填洼及下渗等水文过程而导致汇流过程发生变化,进而影响到以土地为下垫面的水文循环。然而水文过程是流域非点源污染源形成、运移、转化的动力因素,因此,土地利用类型是流域非点源污染模拟的重要影响因素,不同的土地利用有着不同的非点源污染负荷特性,这不仅与其自身特性有关,而且与土地利用在流域内的空间分布特征有关。本研究中用到的土地利用类型数据来源于河北省秦皇岛市1:5万空间矢量数据土壤覆盖图层,通过ArcGIS分析模块,参考《土地利用现状分类标准》(GB/T21010-2007)分类方法,将洋河水库流域土地利用类型共分为6类,分别为草地、园地、林地(成林、幼林、灌木林)、农村居民点、水田、旱地,具体分类如图2-1。

耕地是指种植农作物的土地,包括熟地,新开发、复垦、整理地,休闲地(含轮歇地、轮作地);以种植农作物(含蔬菜)为主,间有零星果树、桑树或其他树木的土地;平均每年能保证收获一季的已垦滩地。耕地中包括宽度<2.0m固定的沟、渠、路

和地坎（埂）；临时种植药材、草皮、花卉、苗木等的耕地以及其他临时改变用途的耕地。

水田指用于种植水稻、莲藕等水生农作物的耕地。包括实行水生、旱生农作物轮种的耕地。

旱地指无灌溉设施，主要靠天然降水种植旱生农作物的耕地，包括没有灌溉设施，仅靠引洪淤灌的耕地。

园地指种植以采集果、叶、根、茎、汁等为主的集约经营的多年生木本和草本作物，覆盖度大于50%或每亩株数大于合理株数70%的土地。包括用于育苗的土地。

林地指生长乔木、竹类、灌木的土地。包括迹地，不包括居民点内部的绿化林木用地，铁路、公路征地范围内的林木以及河流、沟渠的护堤林。

草地指生长草本植物为主的土地。包含天然牧草地、人工牧草地和其他草地。

水域指陆地水域，沟渠、水工建筑物等用地。不包括滞洪区和已垦滩涂中的耕地、园地、林地、居民点、道路等用地。

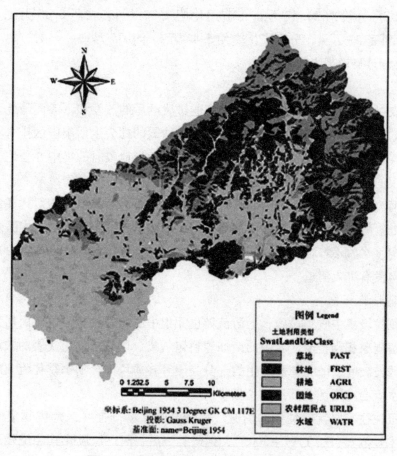

图2-1　洋河水库流域土地利用类型分布图

9

第二节　流域污染源调查

为加大城市饮用水源地保护力度，根据秦皇岛市政府的指示，秦皇岛水务局于2013年8月27日开始历时两个月时间组织完成了洋河水库上游污染情况调查工作。通过调查，摸清了影响洋河水库水质安全的污染源种类和数量。并根据现场采样和历史积累的水质监测数据对洋河水库水质现状和变化趋势进行了分析。

一、调查种类及数量

自1998年以来，随着入库水量的减少，加之上游农村分散甘薯淀粉加工业和库区周边农业的发展，特别是畜牧业的发展，入库污染物逐年增加，水体逐渐呈营养化状态，每到夏季就会发生"水华"现象，严重威胁了城市供水安全。

根据调查可知，流域内有企业63家，其中铁选厂18家，村镇年产生活污水390万t、生活垃圾3.2万t；耕地26.67万亩，施用化肥2.38万t、农药0.05万t；饲养家禽136.2万只、牲畜22万头，分别产生粪便5.46万t、89.05万t。

（一）生活污染源调查

1. 生活污水

上游为农村地区，农民产生的废水大多通过泼洒后的蒸发和下渗而消耗，可能进入地表水环境的社会生活污染源主要为上游使用水冲厕的社会生活集中区排水和规模饭店的排水。调查发现，上游使用水冲厕的污染源主要是当地政府的集中办公地、镇医院和具备一定规模的镇中学。乡卫生院或卫生所一般采用旱厕，不产生废水。

对东洋河流域的社会生活污染源调查结果表明：各污染源单位均对化粪池中的废水采取了委托处置的方式，废水处置价格为60元/车，主要用作粪肥。其中医院化粪池的处置方式和出水水质不符合《医疗机构水污染物排放标准》（GB18466-2005）中相关标准要求，但没有进入河道。

2. 生活固体废弃物

没有见到垃圾集中收集设施，上游流域也无集中的垃圾处置设施。民居集中处理的垃圾弃于河道现象相当普遍，其中的诸如塑料包装袋、以核桃皮为代表的农产品加工废物、树木的残枝破叶、散养畜禽产生的部分粪便等轻薄垃圾会随雨季径流入库，每年汛期首次入库水流会在库区北部形成垃圾带。

医疗垃圾往往采取就地焚烧的措施，焚烧设施虽不符合《医疗废物集中焚烧处置工程建设技术规范》（HJ/T177-2005），但经焚烧后，医疗垃圾除其焚烧残渣外不会进入水环境。

（二）养殖污染源调查

养殖污染源是调查的重点。调查中没有发现散养的规模养殖场，农村散养养殖情况没有进行统计。规模养殖场的统计标准为：鸡存栏量20000只，猪500头，牛100头。

1. 养殖场分布特点

调查共发现水库流域上游有68家养殖场，养殖种类有猪、牛和鸡等，养殖方式为圈养。其中抚宁区有36家，以鸡、猪养殖为主；卢龙县有30家，以猪养殖为主，具体情况见表2-3。整体上看，自西向东有明显的养鸡比重增加，养猪比重减少的特征。台营镇为上游流域最重要的养殖区，养殖场33个，相对大型养殖规模的养殖场也较多。在西洋河流域丁各庄支流上的李各庄西侧拟建年出栏66万只鸡的大型养殖场，为调查区域内最大规模养殖场。

调查发现闲置养殖能力较多，如迷雾河流域的王汉沟、界岭口和王家沟附近的两家养鸡场等，这些养殖场均有随着养殖效益的好转而恢复养殖的可能。

2. 清粪工艺、粪便的产生量的分布特点

调查发现的养殖场采取干清粪方式包括人工清粪、刮粪机机械清粪和水冲粪三种，前两种方式的废水主要是地面冲洗消毒水，主要应用在养鸡场、养牛场，而水冲粪工艺则产生大量废水，主要应用在西洋河和台营镇上游流域的养猪场。按照养殖规模，粪便产生量在不同区域差异较大。台营镇和陈官屯乡的产生量较大，青龙县境内没有发现养殖场。按粪便产生定额9.1 t/（年·牛）、0.04 t/（年·鸡）、1.1 t/（年·猪）计，上游流域粪便总的产生量为49358 t/年。

3. 养殖粪便的临时储存和废水的产生

调查发现，养殖区域一般都采取了混凝土防渗措施，干清粪＋混凝土池等措施，干清粪能够减少废水产生量，混凝土池一方面起到减小对地下水污染的影响作用，另一方面能够拦截雨水入粪池把粪便随径流携走的作用。个别养殖场建设了混凝土粪便池并没有投入运行。大多数养殖场往往在养殖场附近的坑内随意堆放，有的把河道旁的平地作为晒粪场，把粪便临时堆存到河道内，其污染情况触目惊心。粪便经初干后，一般作为肥料外卖。

表 2-3 洋河水库流域规模养殖污染源情况汇总

隶属	乡镇名	河名	养殖场个数				养殖数量（存栏量）				粪便产生数量(t/a)				粪便进入河道数量(t/a)			
			牛	猪	鸡	羊	牛	猪	鸡	羊	牛	猪	鸡	羊	牛	猪	鸡	羊
卢龙县	双望镇	西洋河		2				1400				1540				1232		
	印庄乡	西洋河			7				160000				6400				1280	
	陈官屯乡	西洋河		11				9300				10230				8184		
	燕河营镇	西洋河		7	3			5400	660000			5940	2640			4752	528	
	小计			20	10			16100	820000			17710	9040			14168	1808	
抚宁区	台营镇	东洋河	2	27	4		280	10600	115000		2548	11660	4600		254.8	9328	920	
	大新寨镇	东洋河			3				95000				3800				760	
	小计		2	27	7		280	10600	210000		2548	11660	8400		254.8	9328	1680	
青龙县	隔河头乡	东洋河																
合计			4	47	17		280	26700	1030000		2548	29370	17440		254.8	23496	3488	
											49358				27238.8			

4. 养殖粪便雨季进入河道量

根据上游养殖畜禽废水的产生与排放特点,估计猪粪入河率为80%,入河总量为23496 t/a;鸡粪入河率为20%,入河总量为3488 t/a;牛粪入河率为10%,入河总量为254.8 t/a,粪便总入河量27238.8 t/a。具体情况见表2-4。

表2-4　营养物质进入河道量及对水库水质影响一览表

种类	有机肥的养分含量			进入河道粪便数量				水库增加浓度		
	（%）			（t/a）	（kg/a）			（mg/L,以蓄水量 0.7 亿 m³ 计）		
	氮	磷	钾	粪便量	氮	磷	钾	氮	磷	钾
猪粪	0.238	0.074	0.171	23496	55920	17387	40178	1.33	0.46	0.95
牛粪	0.351	0.082	0.421	254.8	894	209	1073			
鸡粪	1.032	0.413	0.717	3488	35996	14405	25009			
总计				27238.8	92810	32001	66260			

5. 养殖粪便对河道和水库水质的影响

根据各类养殖物粪便营养物质含量,推得养殖粪便使得进入水库的氮、磷、钾量分别为92811 kg/a、32001 kg/a、66260 kg/a。以蓄水量0.7亿 m³ 计,养殖粪便可使水库中总氮、总磷浓度分别增加1.33mg/L、0.46 mg/L,其增加值就使水库水质达到《地面水环境质量标准》(GB3838-2002)中相应参数的Ⅳ、劣Ⅴ标准,如果再加上没有纳入统计的散养产生的粪便入库量,对水库水质影响则更大。本次调查对入库水质的检测,各河流总氮、总磷浓度值均较高,就与养殖粪便的进入有极大关系。

养殖过程中会产生病死养殖物,有些规模养殖场在畜牧部门的监督下设置了安全填埋井等处理设施,但大多数并没有设置,因调查期为汛期末,在调查中并未在河道发现有病死养殖物的现象。但当地百姓反映,春季养殖畜禽瘟疫高发期,死的养殖物弃于河道的现象很普遍,死养殖物会随汛期径流入库,对于人畜共患病可能形成传染。

6. 养殖场对地下水的影响

养殖场由于养殖区域和粪便堆存区域废水下渗,对地下水造成了明显的影响,表现最突出的养殖区域为麻姑营河的沙金沟和迷雾河北部的王各庄,前者浅层地下水鸡苗都不能存活,后者则已引起村民告状的环境纠纷。20年前各村还用不足10m深的浅层地下水,现在较多村庄已采用100m以下深度的地下水。可以说养殖业的发展对当地地下水环境的影响是相当明显的,已制约了当地村民的生活水平、健康水平的提高。

（三）农业污染源调查

东洋河上游流域的农作物以玉米和花生为主,而西洋河流域则以玉米、白薯、花生为主,东西洋河流域均有少量水稻种植。西洋河流域近些年来白薯种植面积明显减少,种植结构调整初见成效。

洋河水库上游影响区有耕地26.67万亩,年施用化肥17597.60 t,农药497.98 t。平

13

均每亩施用化肥和农药分别为 67kg、1.87kg,分别见表 2 - 5 和表 2 - 6。

表 2 - 5　洋河水库上游流域农药化肥施用总量统计表

县名	乡镇名	农药用量(t)	化肥施用量(t)			
			氮肥	磷肥	钾肥	合计
卢龙县	双望镇	13.59				2122.49
	印庄乡	15.96				2494.80
	陈官屯乡	22.94				3582.43
	燕河营镇	8.94				2882.39
	小计	61.43				11082.11
抚宁区	台营镇	252.00				2633.00
	大新寨镇	182.00	2712.00	613.00	364.00	3689.00
	小计	434.00				6322.00
青龙县	隔河头乡	2.55				193.50
合计		497.98				17597.61

从亩均施农药数量上看,各乡镇农药施用量极不均匀,介于 0.14 ~ 6.50kg/亩,抚宁区的台营、大新寨镇亩均施农药量较卢龙县的四个乡镇均大得多,平均亩施农药多 4.97kg,多 15 倍,而青龙县隔河头乡介于两者间;从亩均施化肥数量上看,介于 42.52 ~ 86.96kg/亩,三县则相差不大,以青龙县最多(表 2 - 6)。

当前中国已有大半的地区氮肥平均施用量超过国际公认的上限 15kg/亩。与此同时盲目施肥、滥施肥,大大降低了化肥利用率,只为 30%,远低于西方发达国家 40% 以上的水平。这些多余的未被有效利用的化肥就会流失走,进而造成环境污染。水库水质变化情况表明改革开放以前上游流域基本使用农家肥,水库水质较好,改革开放后随着上游化肥使用量的增加,以大新寨镇为例,其氮肥用量占化肥用量的 74%,亩施氮肥达到 64kg。由于化肥的大量使用,水库水质恶化现象越发明显,从本次入河入库的水质监测结果来看,总氮含量普遍较高,按《地面水环境质量标准》(GB3838 - 2002)判断,各监测断面均为劣 V 类水。据统计,2004 年各河流径流入库总氮为 446 t,而现在化肥使用量上升,入库总氮量更高。

我国所有耕地亩均用农药 1.45 kg,我国亩农药用量比世界发达国家高 2.5 ~ 5 倍,而洋河上游流域卢龙境内与世界发达国家相差不大,抚宁区境内则是世界发达国家的近 4 倍,这与其境内经济林多有关。农药被植物的截取率在 20% 左右,40% ~ 60% 落到地面,5% ~ 30% 进入大气环境后随降雨回到地面,调查区域约 30% 的农药使用量进入了洋河水库,估计农药年入库总量约 150 t。

表 2 - 6 洋河上游流域亩均农药化肥施用量统计表

县名	乡镇名	耕地面积(亩)	亩均化肥施用量(kg)	亩均农药施用量(kg)
卢龙县	双望镇	30895	68.70	0.44
	印庄乡	36320	68.69	0.44
	陈官屯乡	52146	68.70	0.44
	燕河营镇	63328	45.52	0.14
	小计	182689	60.66	0.37
抚宁县	台营镇	38791	67.88	6.50
	大新寨镇	42965	3689.00	4.24
	小计	81756	77.33	5.37
青龙县	隔河头乡	2225	86.96	1.15
合计(平均)		266670	65.99	1.87

（四）其他污染源

1. 废水处理产生的污泥

在与村民交流的调查过程中,得知高家沟内有把留守营造纸厂内的污水处理过程中产生的污泥运来晒干的消息。调查组在随后的现场踏勘发现,在该沟内确实发现两处类似污泥状的物质晾晒的场地,一处位于沟内最上游养鸡场的东北侧,面积约 300m²;另一处位于沟里的半坡处,上坡路为近期所修,且有铲车待用,在该处共上下两个晾晒平台,两平台间以土坝相隔,上平台面积约 400 m²,下平台面积约 2000 m²。新鲜污泥呈黑色,细腻,无明显臭味,介于固体和流体间,含水率在 80% 以上。

第一处晾晒场和第二处晾晒场下台的晾晒物在雨季均能随径流入库。

2. 粪便晾晒场

调查中共发现一晒粪场,位于东洋河流域的北寨砖厂北侧,现场踏勘发现,该晒粪场虽距河道较远,但雨季较大的雨水会把粪便携入晒粪场西侧的排水沟,进而进入东洋河。

3. 乡村旅游业污染

洋河水库上游流域乡村旅游主要分布在东洋河流域,共有花果山、冰糖沟、背牛顶等 4 处旅游点,由于接待规模较小,游人较少,目前污染影响不明显。

4. 甘薯淀粉加工废水污染

洋河水库上游西洋河甘薯加工废水是洋河水库水体富营养化的重要成因,西洋河流域每年秋季产生淀粉加工废水 100 多万 t,这些大量含高浓度营养盐的废水直接汇集河道内最终进入洋河水库严重影响水质安全。

二、调查结论

工业污染源:洋河水库上游地区经济比较落后,工业污染源很少,且规模小。

农业污染源和农村垃圾:卢龙县境内的农药用量情况较好,抚宁区农药亩均用量是世界发达国家的近4倍。上游流域的三县化肥用量均超过国际公认的上限。

绝大多数养殖场采用粗放式圈养,没有排水设施,更没有污水处理设施,粪便及尿液随意排放比较明显,加重农村地区水环境污染,部分养殖区域农民饮用水存在较高的生态风险,并可能对人体身心健康、种植业和畜禽养殖业等造成危害,也对洋河水库水生态系统产生长久破坏性影响。

综上,农业污染源是水库上游目前的最大污染源,为制约洋河水库生态安全和水库上游地区社会经济可持续发展的核心因素。

三、洋河水库水质现状及趋势

根据洋河水库、主要入库河流水质监测,2006—2013年水质分析表明,洋河水库除总氮常年超标以外且有上升趋势、总磷指标不稳定外,其他时段水质指标均满足《地表水环境质量标准》(GB3838 – 2002)Ⅲ类要求,但是水体再污染问题突出,水库水质总体呈现下降趋势。根据2013—2014年洋河水库水质评价表明,洋河水库主要超标水质指标为总氮,总磷、氨氮、高锰酸盐指数、五日生化需氧量等均满足《地表水环境质量标准》(GB3838 – 2002)Ⅲ类要求。

根据2013年水库主要入库河流水质监测数据,采用单因子水质评级,评价结果表明(表2–7)可以看出,东洋河超标水质指标是总氮(超标倍数2.2~6)、氨氮(超标倍数0.87)、化学需氧量(超标倍数3.10);迷雾河超标水质指标是总磷(超标倍数0.52~1.79)、总氮(超标倍数1.63~25.60)、化学需氧量(超标倍数0.66);麻姑营河超标水质指标是总磷(超标倍数1.92)、总氮(超标倍数4.07~11.80)、化学需氧量(超标倍数4.07);干涧河超标水质指标为总氮(超标倍数12.70);西洋河超标水质是总磷(超标倍数0.38~12.4)、总氮(超标倍数7.8~26.7)、化学需氧量(超标倍数2.51~9.2)。可以看出,东洋河、迷雾河、干涧河、麻姑营河的主要超标指标是总氮、氨氮,而西洋河的主要超标水质指标是总磷、总氮、氨氮。

表2-7　洋河水库上游入库河流水质监测结果一览表

河流名称	支流名称	采样位置	采样时间	pH	总磷(mg/L)	总氮(mg/L)	氨氮(mg/L)	COD(mg/L)	悬浮物(mg/L)
东洋河	樊家店	主河道	9月12日	7.78	0.062	6.97	0.24	81.94	104
	老沟	李杖子	9月11日	7.67	0.049	5.99	0.056	<10	12
	程家沟	沟口	9月10日	7.75	0.075	7.05	0.14	<10	76
	高家沟	沟口	9月11日	7.53	-	3.15	1.87	<10	17
	贾家河	花果山售票处	9月12日	8.15	0.021	4.16	0.13	<10	79
	贾家河	郭家场东北桥	9月4日	7.88	0.01	5.76	0.567	<10	17
	梁家湾	梁家湾桥	9月17日	7.2	<0.010	4.77	0.17	<10	64
	渤洛塘沟	沟口	9月4日	7.8	<0.01	14.2	0.561	<10	14
	头道河		9月13日	7.64				<10	31
	干流	北寨桥	9月6日	8.02	0.031	11.4	0.2	<10	122
迷雾	曹各寨河	养猪场北	9月17日	-	-	-	-	-	-
	北王各庄		9月17日	7.82	0.012	2.63	0.15	33.2	10
	台营		9月17日	7.92	0.557	12.9	0.38	<10	11
	干流	三抚桥	9月6日	7.99	0.304	26.6	0.94	<10	104
麻姑营河	马瓷坊		9月17日	7.09	0.135	5.07	0.27	101.3	33
	沙金沟	三抚桥	9月12日	7.98	0.583	8.73	0.31	<10	26
	干流	麻姑营桥	9月6日	8.06	0.131	12.8	0.27	<10	50
干涧河	干流	平方店桥	9月6日	8.11	0.036	13.7	0.28	<10	134
	干流	平方店桥	9月13日	7.38	0.06	13	0.19	59.01	38
西洋河	双望	四分村桥下	9月13日	7.32	0.335	6.6	3.7	59.01	27
	双望	二分村养殖小区下游小桥	9月13日	6.84	2.68	27.7	6.69	203.4	63
	双望	大彭庄北桥	9月13日	7.64	0.879	4.12	0.56	47.04	38
	双望	前官地桥	9月13日	6.7	0.217	4.77	1.01	47.04	26
	冯家沟	后官地安燕公路桥	9月13日	7.8	0.428	8.75	1.86	<10	29
	干流	燕窝庄	9月13日	7.75	0.175	13.6	0.26	70.14	21
	燕河	丁各庄	9月13日	7	0.275	9.77	0.678	<10	38
	燕河	大新庄东桥	9月16日	7.73	0.529	22.5	0.23	<10	32
	兴隆河	耿各庄桥	9月13日	7.12	0.065	10.7	0.21	118.2	16
	干流	富贵庄桥	9月16日	7.78	0.172	9.89	0.14	<10	27

通过对洋河水库2006—2013年的水质分析,目前洋河水库除总氮指标常年超标且有上升趋势、总磷指标不稳定个别时段超标外,其他水质指标一般处于地表水环境质量标准(GB3838-2002)合格范围内,但影响水库水质的藻类问题突出,水库水质总体呈下降趋势如图2-2所示(表2-8,表2-9)。

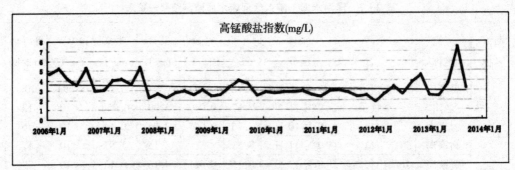

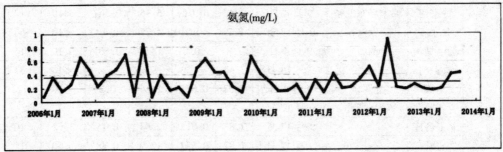

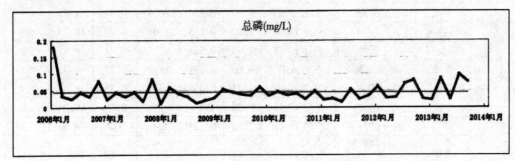

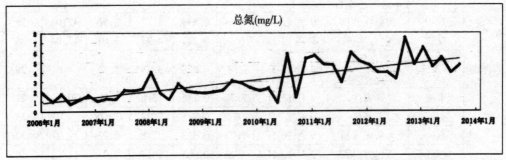

图 2-2　洋河水库重点水质指标变化趋势

表 2-8　2013 年东洋河水系入库口污染物浓度监测情况表(单位:mg/L)

时间	TN	TP	COD	NH_3-N
1 月 5 日	9.40	0.017	2.5	0.136
2 月 1 日	7.64	0.016	2.5	0.201
3 月 5 日	13.5	0.024	6	0.099

时间	TN	TP	COD	NH$_3$-N
4月2日	12.50	0.019	12	0.192
5月3日	14.10	0.020	11	0.193
6月5日	12.6	0.024	8	0.175
7月3日	6.18	0.023	9	0.289
8月1日	7.35	0.016	5	0.238
9月3日	9.93	0.025	6	0.494
10月9日	7.43	0.023	6	0.371
11月5日	8.73	0.019	13	0.129
12月3日	10.58	0.005	2.5	0.171
平均值	10.00	0.019	7.0	0.224

表2-9 2015年东洋河水系入库口污染物浓度监测情况表(单位:mg/L)

时间	TN	TP	COD	NH$_3$-N
1月28日	9.77	0.023	8.2	0.137
2月5日	2.85	0.019	4	0.148
3月3日	9.86	0.015	3.8	0.058
4月8日	7.18	0.02	7.9	0.206
5月7日	7.01	0.016	7.5	0.139
6月2日	4.57	0.015	10.9	0.107
7月1日	4.68	0.019	5.3	0.166
8月4日	11.2	0.025	16	0.105
9月1日	10.8	0.024	9.6	0.108
10月12日	1.8	0.011	17	0.126
11月9日	3.2	0.022	8.4	0.037
12月1日	6.3	0.018	3.6	0.055
平均值	6.593	0.019	8.517	0.116

第三节 气象与水文条件

一、气象

洋河流域属暖温带半湿润大陆性季风型气候,冬寒夏热,四季分明,早晚温差大,极端最高气温39.9℃,极端最低气温-24℃。封冻期自12月中旬至翌年2月底,长约80天,冻土层深度为0.8~1.2m。本流域位于燕山迎风山区,多年平均降水量750mm,而海河流域多年平均降水量538mm,滦河流域多年平均降水量553mm,相比之下本流域水量比较充沛,洋河水库以上多年平均径流量1.69亿㎥。全年降水量约80%集中于汛期6~9月,较大暴雨多出现在7、8两个月。

区内多年平均实际封冻日期每年度为69天,最长100天。开始结冰日期,最早11月5日,最晚12月2日。封冻日期11月26日,融冰日期,最早2月29日,最晚期3月25日。

洋河流域年平均气温10.2℃。全年小于4℃约124天;4℃以上至平均气温约48天,分布于10月下旬至11月中上旬以及3月下旬至4月上旬;大于平均气温约193天,其中超过20℃的约92天。

洋河水库上游流域12个雨量站分布图如图2-3所示(其中富贵庄站已撤站)。气象站特征及分布情况分别见表2-10。

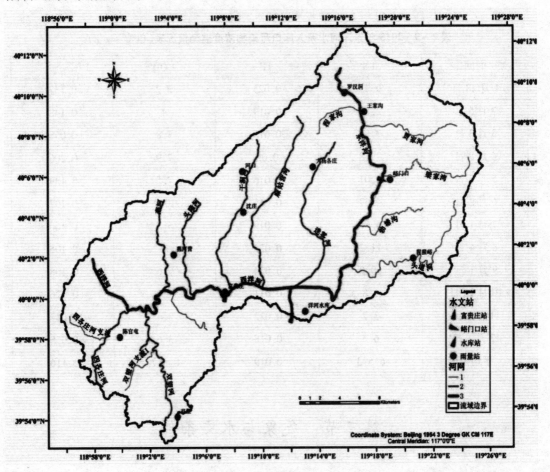

图2-3 洋河水库上游流域雨量站分布图

表 2 - 10 气象站信息表

表 2 - 10 气象站信息表

站点名称	区站号	地理位置		
		经度（E）	纬度（N）	高程（m）
怀来	54405	115°30′	40°24′	536.8
承德	54423	117°57′	40°59′	385.9
乐亭	54539	118°53′	39°26′	10.5
天津	54527	117°04′	39°05′	2.5

二、水文资料

（一）水文站点

1. 洋河水库站

建站起始年限:1960 年 3 月。位置:河北省抚宁区田各庄乡大湾子村。观测断面变动情况:无。管理单位:河北省水文水资源勘测局。采用大沽高程,集水面积 755km²。

2. 东洋河峪门口水文站

建站起始年限:1960 年 7 月。位置:河北省抚宁区大新寨镇峪门口村。集水面积:157km²。高程系统:假定基面。观测断面变动情况:1960 年 7 月设立寨里庄水文站。1961 年 5 月,原基本水尺断面上迁 3km,并更名为峪门口水文站。管理单位:河北省水文水资源勘测局。

3. 西洋河富贵庄水文站

建站起始年限:1960 年 7 月。位置:河北省卢龙县富贵庄。集水面积:263km²。高程系统:假定基面。观测断面变动情况:1968 年改为水位站,1976 年又恢复为水文站,1989 年撤站。

三、径流

（一）洋河水库入库径流

洋河水库具有 1960—2014 年共 55 年的入库实测资料。根据实测水文系列,包括历年水库水文要素摘录表、逐日平均水位表和逐日平均流量表等资料,采用水量平衡法,依据洋河水库实测下泄流量及水库蓄水量的变化反推入库径流。

按 1960—2014 年共 55 年系列,多年平均入库径流量 1.26 亿 m³,20% 保证率 2.00 亿 m³,50% 保证率 1.04 亿 m³,75% 保证率 0.54 亿 m³。

按 1980—2014 年共 35 年系列,多年平均入库径流量 0.88 亿 m³,20% 保证率 1.42 亿 m³,50% 保证率 0.67 亿 m³,75% 保证率 0.31 亿 m³。

根据 1980—2014 年分析成果,洋河水库历年入库径流量成果见表 2 - 11,入库径流各月分配成果见表 2 - 12。

表 2 - 11　洋河水库历年入库径流量成果表

年份	入库径流量(亿 m³)	年份	入库径流量(亿 m³)
1960	0.8210	1988	1.1160
1961	0.5592	1989	0.6097
1962	2.5179	1990	0.6960
1963	0.8211	1991	0.4234
1964	2.9366	1992	0.0142
1965	1.3663	1993	0.7853
1966	2.0477	1994	2.7038
1967	2.6504	1995	2.7240
1968	0.7771	1996	1.6372
1969	3.5423	1997	0.5976
1970	1.8171	1998	1.5206
1971	0.8154	1999	0.5013
1972	0.7840	2000	0.8048
1973	3.2050	2001	0.3498
1974	2.6213	2002	0.6957
1975	2.1772	2003	0.4130
1976	1.8394	2004	0.4799
1977	3.8274	2005	0.2484
1978	1.5317	2006	0.1811
1979	2.0164	2007	0.1927
1980	0.2995	2008	0.1836
1981	0.6080	2009	0.2850
1982	0.1074	2010	0.5650
1983	0.5674	2011	0.7171
1984	1.3199	2012	2.9889
1985	2.0690	2013	1.1906
1986	2.2407	2014	0.1775
1987	0.6807		

表 2 − 12　洋河水库入库径流各月分配百分比成果表

保证率	多年平均	20%	50%	75%
典型年	1990	1993	1998	2001
1 月	2.09%	2.32%	0%	0.05%
2 月	2.18%	3.43%	0%	0.08%
3 月	2.44%	3.21%	1.08%	0.01%
4 月	0.90%	0%	3.85%	0.01%
5 月	2.36%	0.38%	10.26%	7.12%
6 月	1.53%	0.12%	10.62%	37.74%
7 月	40.38%	12.50%	32.58%	4.90%
8 月	25.92%	29.08%	40.33%	23.32%
9 月	11.71%	22.73%	0.39%	17.38%
10 月	6.00%	14.53%	0.12%	8.42%
11 月	3.39%	7.70%	0%	0.89%
12 月	1.10%	4.01%	0.79%	0.06%
全年	100%	100%	100%	100%

(二)各河道天然径流

各河道径流分析计算分别采用《秦皇岛市水文手册》(2012 年)和《河北省水资源评价》(2004 年)中的设计年径流计算方法,综合分析比较后选取成果。

1.《秦皇岛市水文手册》(2012 年)

(1)查图改正法。东洋河支流迷雾河、头道河、勃塘沟、梁家湾、贾家河、程家沟以及西洋河支流麻姑营河、干涧河的流域面积较小(< 100km^2),根据《秦皇岛市水文手册》(2012 年)采用查图改正法对天然年径流量进行估算。

不同设计保证率年径流量采用下式计算:

$$W_p = 0.1 \cdot F \cdot R_p \tag{2 − 1}$$

式中:W_P——设计年径流量(万 m^3);

　　　F——流域面积(km^2);

　　　R_P——设计年径流深(mm);

小流域径流量变差系数按下列经验公式计算:

$$C_v = \frac{d − C_{vx}}{\alpha_0^{0.8} + 0.061g\,F} \tag{2 − 2}$$

式中:C_v——小流域年径流变差系数;

　　　C_{vx}——年降水量变差系数;

　　　α_0——多年平均年径流系数;

23

F——流域面积(km^2)；

d——参数。

（2）查图法。洋河水库两大支流东洋河和西洋河河道天然年径流采用系列至2008年的《秦皇岛市水文手册》(2012年)中多年平均年径流深等值线图和年径流变差系数查得参数求取。

2.《河北省水资源评价》(2004年)查图法

由《河北省水资源评价》(2004年)1956—2000年多年平均年径流深等值线图和年径流变差系数查得参数。

《秦皇岛市水文手册》(2012年)计算成果与《河北省水资源评价》(2004年)分析成果相比，大部分河道《秦皇岛市水文手册》(2012年)成果的平水年(50%)和偏枯年(75%)成果小于《河北省水资源评价》(2004年)的计算成果。本次考虑各河道控制流域面积较小，《秦皇岛市水文手册》(2012年)查图改正法计算成果更能符合当地径流实际情况，采用《秦皇岛市水文手册》(2012年)天然径流成果。

第四节　流域地形、地质条件

一、地形地貌

洋河水库库区为中高山区，坝址处两岸地形较对称。水库区洋河两岸发育有一级阶地，不对称分布，阶地高出河面2~5m，一级阶地上层为壤土，下层为卵石层；河漫滩多为卵石层，含有粗砂及淤泥夹层。河床覆盖层为卵砾石层，厚度3~9m，下伏岩体多为白云岩、砂岩、火成岩及变质岩等。

库区主要有东洋河、麻姑营河、迷雾河、西洋河四个水系。大部分河流分布在库区北侧。

二、地层岩性

根据本次调查及区域地质资料，工程区出露的地层主要为太古界单塔子群三屯营组(Arsh)、太古界单塔子群白庙子组(Arb)、上元古界震旦系下统常州村组(Z1C)、上元古界震旦系下统串岭沟组(Z1ch)、上元古界震旦系下统大红峪组(Z1d)、上元古界青白口系景儿峪组(Qnj)、古生界寒武系府君山组($\in$1f)、侏罗系上统张家口组(J3z)、侏罗系上统九佛堂组(J3jf)、古界侵入岩体、上元古界侵入岩体($\pi\gamma_5^2$)、均质混合岩(JH)及第四系(Q)松散层。

工程地处二级构造单元的华北断坳、三级构造单元马兰峪复式背斜的东部。区域内主要断裂构造有青龙—滦县大断裂、固安—昌黎大断裂。

地震动峰值加速度为0.10g，反应谱特征值周期为0.40s，相当于地震基本烈度Ⅶ

度区。

各河道主河床岩性主要为第四系冲洪积松散层,岩性以卵砾石为主,局部为砾石、砾砂及粗砂;河漫滩岩性上部为第四系冲洪积壤土、含砂壤土,下部为粗砂、砾石及卵石等。

洋河水库流域西南部多为耕地,等高线稀疏,地势较低,东北部为山区,等高线密集,地势较高,洋河水库流域地形如图2-4所示。

图2-4 洋河水库上游流域地形图

第五节　流域水系及其构成

一、东洋河水系

东洋河是洋河水库流域的四个支流之一,位于洋河水库上游东侧,发源于青龙县境内。东洋河上游有较多支流汇入,其中由上而下较大的支流有程家沟、贾家河、梁家湾、勃塘沟、头道河等。东洋河流域属燕山山脉东段,流域内多为深山区,地势较陡,河谷上窄下宽,河道宽一般为200~400m,河床为卵石砂砾组成。东洋河主支发源于界岭上,在北达峪沟由东北向西南于界岭下村北侧汇入主支后,河道大致由北向南流向樊家店村,并于樊家店村北侧纳由东北向西南流来的南大峪沟。

东洋河过樊家店后主河道由西北摆向东南,于新城沟村东纳大冲峪沟后再折向西南,受右岸山体的顶冲影响,河槽顺着右岸山体流向小罗汉洞村。在小罗汉洞村北河道由西向东流向左岸山体,受山体顶冲影响,河道由西北流向东南,抵达界岭口村,并于界岭口村北纳尖部沟。

东洋河过界岭口村后河道方向大致由北向南流至高家园,纳右岸的程家沟后,由北向南流经王家沟、蔡家沟。河道在郭家场村北纳贾家河后由北向南流向西峪沟村后受右岸山体的顶冲作用,河流主槽由右岸折向对岸的小岭村,并顺着左岸山体由北向南流向马坊村。

河道经马坊村后河道变宽,受山体的顶冲,河道由西向东流向张家黑石后流向发生90°变化,折向南方,并于峪门口村纳梁家湾后向西南流经寨里庄、王各庄、董各庄、大新寨镇,并于大新寨镇纳入勃塘沟。

在勃塘沟汇合后,受大新寨镇外围护堤的影响,东洋河的河流方向由西南方向折向南方流经宣各寨、安屯,并于北寨村南纳头道河。河道在北寨与南寨之间由东向西穿行,经呼各庄后方向变成由北向南,在流经战马王村后受南面山体的顶冲作用,河流改变流向,由南向北注入洋河水库。

地形地貌:东洋河在入库口处为不对称河谷,河流流向为近东西向。左岸为低山,岩体裸露,最大高程218.6m,右岸为缓坡,被第四系松散层覆盖,最大高程101.3m,河谷地形起伏不大,相对平坦,主河床高程52.0m左右,两侧漫滩高出主河床1~2m,高程为52.4~55.1m。

主河床岩性主要为第四系冲洪积松散层,岩性以卵砾石为主,局部为砾石、砾砂及粗砂。卵石呈灰白色,卵石含量40%~70%,粒径一般2~15cm,大者15~25cm,磨圆中等,砂以粗砂为主,密实。

河漫滩岩性上部为第四系冲洪积壤土、含砂壤土,下部为粗砂、砾石及卵石。壤土、含砂壤土主要分布于漫滩上部,表层灰黑色,下部多呈黄褐色,稍湿~饱和,可塑,多含砂,土体松软,厚度1.4~1.8m;下部为粗砂、砾砂、砾石及卵石等。靠近左岸山体30~50m范围内表层为1~2m的粗砂及砾砂。

壤土渗透系数建议值$2.5×10^{-4}$cm/s、粗砂渗透系数建议值$4.5×10^{-2}$cm/s、砾砂渗透系数建议值$7.5×10^{-2}$cm/s、卵石渗透系数建议值$1.3×10^{-1}$cm/s。

经对东洋河入库口砂卵石进行筛分试验,平均级配见表2-13。

表2-13 东洋河入库口砂卵石平均级配

粒径(mm)	> 150	150~ 80	80~ 40	40~ 20	20~ 5	5~ 2.5	2.5~ 1.2	1.2~ 0.6	0.6~ 0.3	0.3~ 0.15	< 0.15
含量(%)	9.2	17.4	10.8	7.9	6.3	3.2	5.2	16.0	14.6	5.7	3.7

东洋河河道自界岭口进入抚宁县境内,河流总体南北向河流蜿蜒曲折,流经低山区,其中有5条大的支流汇入东洋河,河床在郭家场上游宽度一般在30~50m,下游大部分宽度80~100m,河谷两岸呈不对称。

河床岩性大部为第四系冲洪积砂卵石层,卵石含量一般50%~70%,卵石粒径一般由上游向下游变细,上部粒径一般5~30cm,最大达1m以上,磨圆中等~较差,局部分散大的块石,下游卵石粒径一般 5~20cm,少数大于 50cm,磨圆中等。自铁路桥下游河漫滩表层有 30~50cm 厚的壤土,其下为卵石,河床有径流。壤土渗透系数建议值 3×10^{-4} cm/s、卵石渗透系数建议值 $1.2 \times 10^{-1} \sim 2.0 \times 10^{-1}$ cm/s。

东洋河水系主要支流有程家沟、贾家河、梁家湾、勃塘沟、头道河 5 条较大的支流。

(1)程家沟控制流域面积 8.6km²,河长 6.3km,纵坡 2.6% 左右。

(2)贾家河控制流域面积 37.5 km²,河长 13.0 km,纵坡 5.3% 左右。

(3)梁家湾控制流域面积 31.1 km²,河长 14.9 km,纵坡 5.3% 左右。

(4)勃塘沟控制流域面积 18.2km²,河长 11.1km,纵坡 3.7% 左右。

(5)头道河控制流域面积 51.5 km²,河长 20.6 km,纵坡 1.2% 左右。

二、迷雾河水系

迷雾河在总体流向自北向南汇入洋河水库,流域面积约 65.5km²,河长 16.5km,河流顺直,S363 省道下游两侧均有人工堤防,现状主河槽一般 2~3m,两侧为漫滩,上游未修建堤防。河床岩性大部为第四系冲洪积含壤土卵石,卵石含量一般 50%~70%,粒径一般 2~15cm,最大达 30cm 以上,磨圆中等,含 10~15% 的壤土等。卵石渗透系数建议值 $1.2 \times 10^{-1} \sim 2.0 \times 10^{-1}$ cm/s。

迷雾河在入库处河口右岸开阔,河床宽度 80~100m,河床岩性为第四系冲洪积砂卵石层,卵石含量一般 50%~75%,粒径一般 5~20cm,最大达 80cm,磨圆中等。卵石渗透系数建议值 1.5×10^{-1} cm/s。河床右侧河滩地上部为含砂壤土及含砂的砂壤土,厚度 0.3~2.3m,灰黄色、灰黑色,土质松软,含砂壤土渗透系数建议值 4×10^{-3} cm/s,含砂的砂壤土渗透系数建议值 5.5×10^{-4} cm/s;下部为粗砂、砾砂及卵石,卵石性状与河床卵石相当。渗透系数分别为 5.5×10^{-2} cm/s、7.5×10^{-2} cm/s、1.5×10^{-1} cm/s。

三、麻姑营河水系

麻姑营河总体流向自北向南汇入洋河水库,流域面积约 56.5 km²,河长 20km,纵坡 1.2% 左右。河流曲折,左侧局部有山体,基岩裸露,大部分河段漫滩高出主河床 1m 左右,表层杂草丛生,局部有少量壤土,其下为卵石,一级阶地高出漫滩 1~2m,表层 30cm 左右为壤土、下部为卵石。河床岩性大部为第四系冲洪积含壤土卵石,卵石含量一般50%~70%,粒径一般 2~15cm,最大达 30cm 以上,磨圆中等,含 10%~15% 的壤土等。两侧台地表层为 0.3~0.4m 的壤土,其下为卵石层。壤土呈灰黄色,干燥,土质松散,渗透系数建议值 2.5×10^{-4} cm/s;卵石渗透系数建议值 $1.2 \times 10^{-1} \sim 2.0 \times 10^{-1}$ cm/s。

麻姑营河在入库处河口两岸均为一山丘,河床及漫滩宽度约 260m,除表层 0.2~0.5m 为灰色壤土及淤泥质土外,其他均为卵石层。表层下部卵石层。

四、西洋河水系

西洋河位于卢龙县境东北部,是洋河水库流域的四个支流之一,位于洋河水库西侧。西洋河发源于陈官屯乡冯家沟村西北,向东流经年家洼、燕窝庄、富贵庄至周各庄汇入洋河水库,卢龙县境内沿途有四各庄河、双望河、燕河、严山头河、兴隆河、栗树港河等较大支流汇入,抚宁区境内有干涧河等支流汇入。西洋河地势较缓,河谷开阔,流域总面积约343km²,河道全长25km,主河道比降1.8‰左右。

西洋河属季节性河流,是洋河水库上游重要的行洪河道,多年来一直承担本地区的防洪、排涝任务,保护卢龙县两岸村庄和农田的防洪安全。由于缺乏有效管理,该区域沿河工矿企业废水以及周边乡村的生产、生活废水直排入河,同时沿河村庄的生活垃圾、禽畜养殖户的固体废弃物随意倾倒于河道两侧及河道内,导致河道重度污染。

西洋河河道现状淤积严重,主槽弯曲,滩地、河道被耕种,沿河堤防存在不同程度的破损,每到汛期常发生洪水漫流,淹没农作物,造成减产减收,威胁两岸村庄,给沿岸人民生产生活带来极大不便,制约了社会经济发展的需要。

1. 西洋河河道地质条件

西洋河总体流向自西向东汇入洋河水库,干涧河上游两侧均有人工整治,河流顺直现状主河槽一般2~3m,两侧为台地,干涧河下游未经整治,没有堤防。

干涧河口—入库口段河床宽为50~100m,左岸和漫滩岩性多为细砂及砂壤土,厚度一般小于1m,其下为卵石,河床大部分以卵石为主,局部表层为细砂及壤土,下部为卵石。

干涧河口—富贵庄段河床宽为40~50m,左岸漫滩开阔,右岸部分临山。河床部位岩性为卵石;左岸漫滩处地表为壤土,厚度为1.8m,以下为卵石。河床卵石呈杂色,松散~稍密;卵石含量为50~80%,粒径一般为5~20cm,最大50cm;磨圆中等,多次棱角状,成分主要为花岗岩、安山岩、砂岩等;含有壤土、砾石及少量中粗砂等。河漫滩地表为壤土,厚度约为1.8m,黄褐色,稍湿~湿,可塑,底部含砂粒。下部卵石呈杂色,松散~稍密;卵石含量为50%~70%,粒径一般为8~20cm;磨圆中等,多次棱角状,成分主要为花岗岩、安山岩、砂岩等,含有中粗砂、砾石、壤土等。

富贵庄上游段部分河段已经进行了整治,河段出露的地层岩性为第四系全新统壤土、砂壤土及卵砾石。河床两侧的滩地及阶地的地层岩性为壤土、砂壤土($al + plQ_4$),灰黄色,稍湿,硬塑~可塑,厚度一般1~2m。主河床地层岩性为卵石(alQ_4),局部为中粗砂,灰黄色、灰白色、杂色,灰黄色、灰白色,稍湿~湿,稍密~中密,卵石含量为55~60%,粒径多为2~10cm,磨圆一般,成分多为砂岩、灰岩、安山岩等,含5%~10%土颗粒。层厚一般1.5~7.0m,局部大于11.5m

壤土渗透系数建议值3.0×10^{-4}cm/s;砂壤土渗透系数建议值6.5×10^{-4}cm/s;下部为粗砂渗透系数分别为5×10^{-2}cm/s;卵石渗透系数建议值$1.2 \times 10^{-1} \sim 2.0 \times 10^{-1}$cm/s。

2. 西洋河入库口地质条件

西洋河入库口处河床宽约100m,右岸河漫滩开阔,左岸邻山。河床处地表局部见有薄层冲洪积壤土,以下为粗砂及卵石。右漫滩处地表为壤土,层厚约1.5m,以下为卵石。河床表层壤土呈黄褐色间有灰色,饱和,多软塑状,黏粒含量较高,夹含有腐殖质。卵石呈杂色,松散~稍密;卵石含量为55%~75%,粒径一般为6~25cm;磨圆中等~较好,部分见有次棱角状,成分主要为花岗岩、安山岩、砂岩等,含有中粗砂、壤土等。

河床右侧河滩地壤土渗透系数建议值2.0×10^{-4}cm/s;下部为粗砂渗透系数分别为4.0×10^{-2}cm/s;卵石渗透系数建议值$1.4 \times 10^{-1} \sim 2.0 \times 10^{-1}$cm/s。

东洋河水系主要支流有四各庄河、双望河、燕河、兴隆河、干涧河5条较大的支流。

(1)四各庄河控制流域面积36km²,河长8.8km,纵坡0.3%左右。

(2)双望河控制流域面积68km²,河长15km,纵坡0.1%左右。

(3)燕河控制流域面积43km²,河长12.2km,纵坡0.7%左右。

(4)兴隆河控制流域面积32km²,河长13.2km,纵坡1.3%左右。

(5)干涧河控制流域面积37.5km²,河长16.2km,纵坡1.2%左右。

第六节 流域信息库的创建

流域是指地表水或地下水分水线所包围的区域,是某一河流或湖泊的集水区域。流域以水为纽带将水、土、气、生、人等地理要素连接为一个普遍具有因果联系的相对独立系统,以水分循环为主的水文过程及伴随的物质输移是流域系统的核心,影响这一过程的要素主要有大气降水、植被状况、地形、土壤和含水层,涉及的过程包括降水过程、蒸发过程、截留过程、下渗过程、产流过程、汇流过程、河流输送过程以及伴随的物质输移过程。通过对流域相关资料的整合,构建流域信息库可以有效实现数据交互、利用、分析,进而对流域水环境以及生态保护进行综合管理。

一、流域数据库的设计

模型构建需要大量的数据,这些数据包括地理信息空间数据和属性数据。数据类型不同数据管理方式也不同,为便于对数据库进行管理,本研究根据数据库的性质,对数据库进行分类设计。模型主要分为降雨汇流模型以及污染物迁移扩散模型,因此在设计的时候需要相应的地形数据库、土地利用类型数据库、污染物数据库以及降雨数据库。

二、地形数据库

地形数据库又称为数字高程(DEM)数据库,DEM是生成河网、划分计算单元、计算特征、确定各计算单元汇流关系等相关参数的基础。本项目中研究区域DEM数据来源于地理空间数据云(http://www.gscloud.cn/)。数据基本特征如表2-14所示。

表 2-14 洋河水库 DEM 数据基本特征

项目	描述
分片尺寸	3601 像素 ×3601 像素(1° ×1°)
空间分辨率	1 弧度秒(约 30 m)
地理坐标	地理经纬度坐标
DEM 格式	GeoTIFF
特殊 DN 值	32767
覆盖范围	纬度:N39° ~ N 40°;经度:E118° ~ E119°
精度	垂向 20m,水平向 30m
空间参考	大地水准面 WGS84
投影变换	Beijing_1954_3_Degree_GK_CM_117E

在 ArcGIS 中,经过投影变换、网格重分和流域边界掩膜提取,最终生成模型需要的 GIS 影像图。根据洋河水库流域地形数据以及河网分布情况,利用程序进行研究区域计算单元单位划分。洋河水库上游共划分有 237 个计算单元,其中 136 个单元中包含有村庄,最大单元面积 13.69km²,最小单元面积 0.30 km²,划分结果如图 2-5 所示。将计算单元进行分类并编号,如图 2-6 所示。

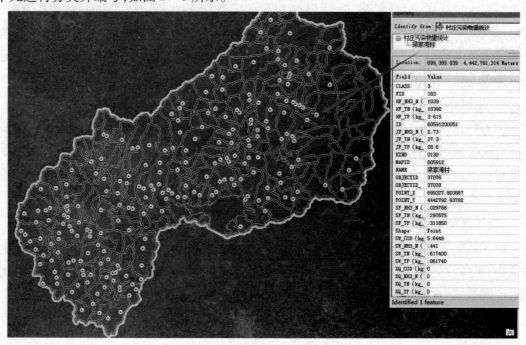

图 2-5 洋河水库流域计算单元划分

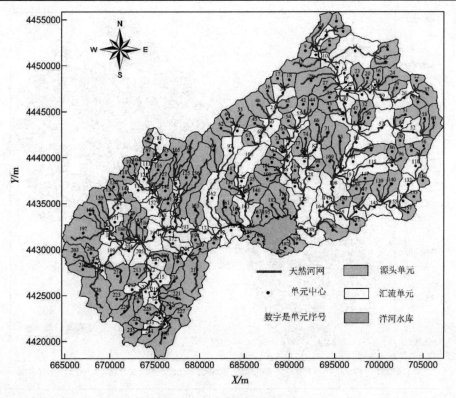

图 2 - 6　计算单元分类及编号

三、土地利用类型数据库

土地利用类型是表征流域下垫面信息的重要因素,通过改变地表径流、截流、填洼及下渗等水文过程而导致汇流过程发生变化,进而影响到以土地为下垫面的水文循环。然而水文过程是流域非点源污染源形成、运移、转化的动力因素,因此,土地利用类型是流域非点源污染模拟的重要影响因素,不同的土地利用有着不同的非点源污染负荷特性,这不仅与其自身特性有关,而且与土地利用在流域内的空间分布特征相关。本研究中用到的土地利用类型数据来源于河北省秦皇岛市 1∶5 万空间矢量数据土壤覆盖图层,通过 Arc-GIS 分析模块,结合 SWAT 所需土地利用类型数据结构重分类得到,共分为 6 类,分别为草地、园地、林地(包括成林、幼林、灌木林)、农村居民点、耕地、水域,具体分类如图 2 - 7 所示。

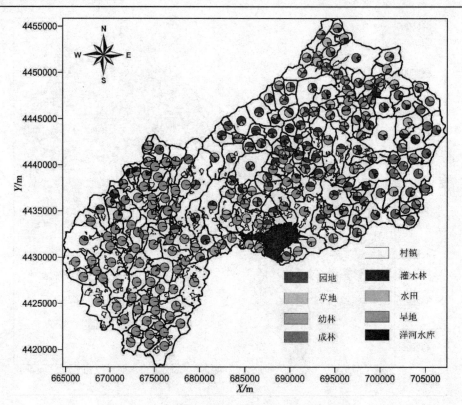

图 2 - 7　洋河水库上游各计算单元土地利用情况

根据洋河水库流域土地利用类型图,统计得到各类土地利用的面积和百分比,见表 2 - 15 所示。从表中可以看出,研究区域内的主要土地类型是耕地,占总面积达 44.06%; 其次是林地和草地,分别占 28.19%、18.44%,如图 2 - 8 所示。

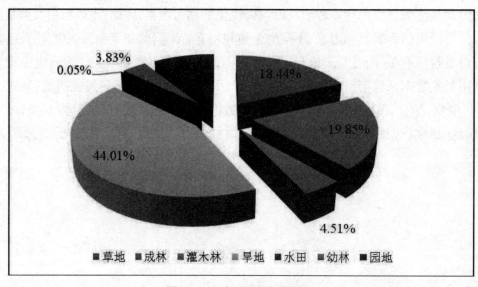

图 2 - 8　土地利用分类比例图

对各单元的植被占比进行了分析,如表 2 - 15 所示。

表 2-15 各单元植被占比

单元编号	园地面积占比	草地面积占比	幼林面积占比	成林面积占比	灌木林面积占比	水田面积占比	旱地面积占比
1	0	0.535	0	0.280	0.185	0	0
2	0	0.580	0	0.199	0.221	0	0
3	0.149	0.331	0	0.520	0	0	0
4	0	0.807	0	0.161	0.032	0	0
5	0.064	0.270	0	0.582	0	0	0.084
6	0.031	0.272	0	0.518	0.158	0	0.021
7	0.041	0.668	0	0.083	0	0	0.208
8	0.150	0.410	0	0.384	0.056	0	0
9	0.157	0.370	0.002	0.446	0	0	0.024
10	0.224	0.157	0.110	0.372	0	0	0.137
11	0.064	0.060	0.002	0.707	0.088	0	0.078
12	0.011	0.681	0	0.286	0.017	0	0.004
13	0.138	0.252	0.257	0.347	0.002	0	0.004
14	0.208	0.262	0.068	0.200	0	0	0.261
15	0.047	0.018	0.287	0.357	0	0	0.291
16	0	0.111	0	0.472	0.118	0	0.299
17	0.066	0.393	0	0.541	0	0	0
18	0.269	0.274	0.204	0.254	0	0	0
19	0.344	0.139	0	0.009	0.008	0	0.501
20	0.038	0.411	0	0.461	0.077	0	0.014
...	...	...	...	...	...	...	...
221	0	0	0.264	0	0	0	0.736
222	0	0	0	0	0	0	1
223	0	0	0	0	0	0	1
224	0	0	0	0	0	0	1
225	0	0	0	0	0	0	1
226	0	0	0	0.051	0	0	0.950
227	0	0	0.031	0	0	0	0.970
228	0	0	0	0	0	0	1
229	0	0	0	0	0	0	1
230	0	0	0	0	0	0	1
231	0	0	0	0	0	0	1
232	0	0	0	0	0	0	1
233	0	0	0	0	0	0	1
234	0	0	0	0	0	0	1
235	0	0	0.377	0	0	0	0.623
236	0	0	0	0	0	0	1
237	0.144	0.279	0	0.079	0.398	0	0.101

根据实验和查找文献资料,得到各种植被的汇流系数见表 2-16。

表2-16 植被汇流系数

植被覆盖类型	园地	幼林	成林	灌木林	水田	旱地
植被汇流系数	0.3	0.4	0.6	0.7	0.3	0.2

四、污染物数据库

以村庄为基础,将基本信息库映射到计算单元上,建立面源污染物通过单元与河网定向连接,并将污染物向库区运移扩散的空间网络结构,以各单元为基本输出口。

以洋河水库流域246个自然村为基础,建立人口、耕地面积、主要作物与规模、化肥农药、禽畜养殖、工矿企业等基本信息库,实现基于ArcGIS的地图信息与数据列表的交互式显示。如图2-9所示。

图2-9 污染物数据库

以村庄为基础的基本信息按污染源分类提取,建立污染物数据库,映射到计算单元,实现纵向与横向相结合的存储。污染物数据库结构如图2-10表示。

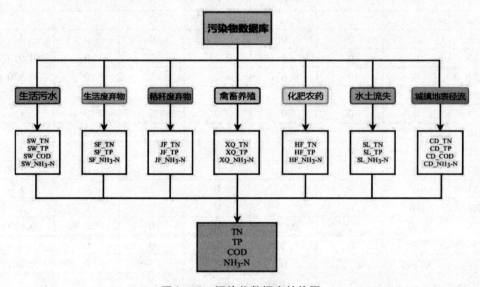

图2-10 污染物数据库结构图

五、降雨数据库

洋河水库上游流域在罗汉洞、王家沟、峪门口、大杨各庄、猩猩峪、双望、陈官屯、燕河营、富贵庄、河口、沈庄以及水库旁 12 处设有雨量站监测降雨数据,雨量站示意图见图 2-11,可以以罗汉洞、王家沟、峪门口、大杨各庄、猩猩峪雨量站计算东洋河水系雨量;以双望、陈官屯、燕河营、富贵庄、河口雨量站计算西洋河水系雨量;以峪门口、大杨各庄、沈庄雨量站迷雾河水系雨量;以罗汉洞、大杨各庄、河口、沈庄雨量站计算麻姑营河水系雨量,上述雨量站 2013 年实测雨量见图 2-12。

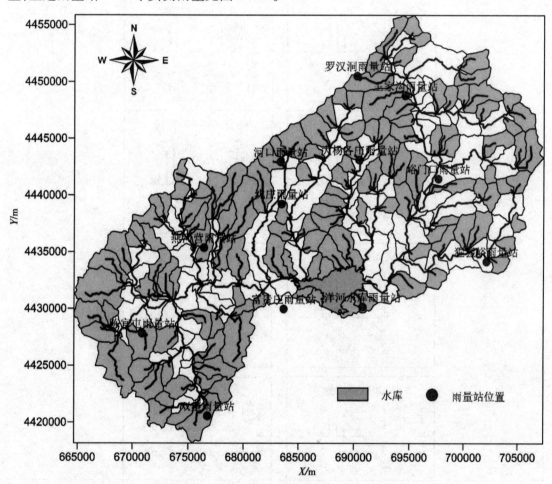

图 2-11 洋河水库流域雨量站分布示意图

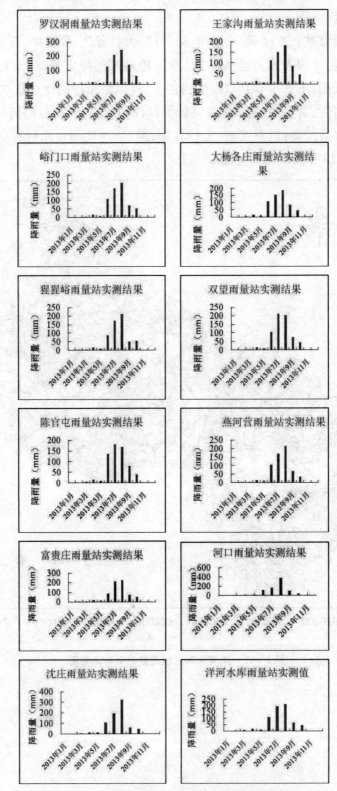

图 2-12 2013 年洋河水库流域各测站降雨量

从图中可看出,各雨量站降雨量存在一定的差异,其中河口雨量站年降雨量最多。但是整体上降雨主要集中在 6~9 月份,其中 8 月份达到全年降雨最大值。

取各水系流域对应的雨量站降雨量实测值的算数平均值近似的作为各水系流域的降雨量,计算结果如图 2-13~图 2-16 所示。

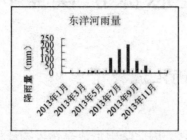

图 2-13　2013 年东洋河水系雨量

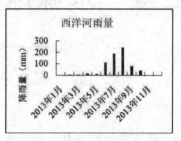

图 2-14　2013 年西洋河水系雨量

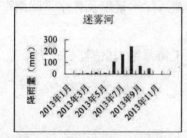

图 2-15　2013 年迷雾河水系雨量

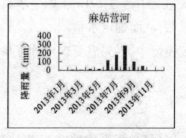

图 2-16　2013 年麻姑营河水系雨量

将逐日的降雨量相加,便可得到全年的降雨量,通过计算可以知道:东洋河水系:662.4mm;西洋河水系:700.46mm;迷雾河水系:681.3mm;麻姑营河水系:774.725mm。

第三章　水源地生态保护模型构建

第一节　降雨汇流模型

污染物的迁移主要依靠水动力向水库迁移。因此降雨汇流是污染物迁移的重要动力因素。在此次研究中通过 2013 年四个水系实测入库水量以及各水系降雨资料,确定各计算单元汇流系数,从而确定水量。

降雨汇流模型中,首先需要确定计算单元汇流系数,其估算公式为:

$$S_{im} = X_{im} \frac{1 + \bar{P}}{1 + \sum F_j Z_j} \tag{3-1}$$

式中: $\bar{P}$ 为计算单元平均坡度; F_j 为计算单元某一类型植被的汇流系数; Z_j 为计算单元某一类型植被的面积占比; X_{im} 为汇流率定系数。

采用水量平衡法建立降雨汇流模型,计算公式为

$$V_{i_m} = \sum V'_{im-1}$$

$$V_{i_{m-1}} = \sum V'_{im-2}$$

$$\cdots\cdots$$

$$V_{i_2} = \sum V'_{i_1}$$

$$V_{i_1} = 0 \tag{3-2}$$

$$V'_{i_m} = V_{i_m} + S_{i_m} R_{i_m} T$$

$$V'_{i_{m-1}} = V_{i_{m-1}} + S_{i_{m-1}} R_{i_{m-1}} T$$

$$\cdots\cdots$$

$$V'_{i_2} = V_{i_2} + S_{i_2} R_{i_2} T$$

$$V'_{i_1} = S_{i_1} R_{i_1} T \tag{3-3}$$

式中: V 为计算单元水量入流量(m^3/s); V' 为计算单元水量出流量(m^3/s); S 为计算单元产流系数(m^2/s^2); R 为计算单元降雨量(m); m 为计算单元汇流级别; i 为计算单元序号。

第二节　污染物推移扩散模型

一、污染物负荷

各计算单元内村庄、人口、耕地、企业等社会经济环境均会产生和排放一定量的污染物,污染物会以化学元素的形式向周边扩散,其中以水流为载体的扩散是影响和污染水库的主要因素,也是研究污染扩散、迁移和汇集的主要内容。首先需要定义污染物存在的形式。

(一)污染物产生量

又称污染物发生量,是在正常技术、经济管理等条件下,一定时间内,污染源中某种污染物生成的数量,亦即污染源最初未经任何污染控制措施所排放的污染物基本水平。

(二)污染物排放量

指定污染物,污染物排放量应是污染物产生量与污染物削减量之差,它是总量控制或排污许可证中进行污染源排污控制管理的指标之一。是污染源在正常技术、经济、管理等条件下,在未经任何污染控制措施下,一定时间内该种污染物的产生量与经过若干污染防治措施后被控制降低的该污染物削减量之差。

污染物允许排放量(allowable quantity of pollutant discharged)是环境主管部门根据技术、经济、环境、管理等因素,对污染源某种污染物在一定时间内规定的污染物排放量。污染物排放量及污染物允许排放量均是进行总量控制或排污许可证制度中进行排污监控的重要指标。多根据监测数据,一般使用实测法计算。在使用物料衡算法和经验系数法确定排污单位的污染物的排污量时,一定要结合工业企业的生产工艺、使用的原料、生产规模、生产技术水平和污染防治设施的去除率等,才能合理反映排污量。

(三)污染物入河量

污染源所排放的污染物只有一部分能最终流入河网水系,进入河流的污染物量占污染物排放总量的比例即为污染物入河系数。通常根据入河系数确定入河污染物负荷量。

(四)污染物沿河衰减量

污染物进入河道后,在河流环境和输移过程中会受水体自净和生物降解作用影响,使污染物沿河迁移过程中出现衰减。

二、污染物推移扩散理论

设污染物的推移系数计算公式为:

$$Y_{i_m} = Y_{i_m}^0 \times K_{i_m} \tag{3-4}$$

式中:Y_{im}^0 为污染物推移系数初设值;K_{im} 为率定系数。

计算主要采用拟序算法,污染物迁移扩散公式:

$$C_{i_m} = Y_{i_m}\big[\sum C'_{i_{m-1}}(1 - f_{i_{m-1}})(1 - f'_{i_{m-1}})\big]$$

$$C_{i_{m-1}} = Y_{i_{m-1}}\big[\sum C'_{i_{m-2}}(1 - f_{i_{m-2}})(1 - f'_{i_{m-2}})\big]$$

$$……$$

$$C_{i_2} = Y_{i_2}\big[\sum C'_{i_1}(1 - f_{i_1})(1 - f'_{i_1})\big]$$

$$C_{i_1} = 0 \tag{3-5}$$

$$C'_{i_m} = C_{i_m} + N_{i_m}$$

$$C'_{i_{m-1}} = C_{i_{m-1}} + N_{i_{m-1}}$$

$$……$$

$$C'_{i_2} = C_{i_2} + N_{i_2}$$

$$C'_{i_1} = N_{i_1} \tag{3-6}$$

式中：C 为计算单元汇入污染物量(kg)；C' 为计算单元流出污染物量(kg)；f 为计算单元下游河道自身消减系数；f' 为计算单元下游河道工程消减系数；N 为计算单元污染元素入河量(kg)；i 为计算单元编号；m 为计算单元等级。

第三节　河道消减及水域纳污能力

一、水域纳污能力计算模型

根据《全国重要江河湖泊水功能区划》(2011 - 2030 年)及《河北省水功能区划》，洋河水库是饮用水源地，属二级水功能区，水质标准应符合《地表水环境质量标准》(GB3838 - 2002)Ⅲ类标准，另外参考秦皇岛市关于洋河水入库水质的要求：即Ⅱ类达标天数不低于 80%，Ⅲ类水质达标天数为 100%。确定河段所在空间单元的污染物消减量，以实现洋河水库流域水源地生态保护的最终目的。

水环境容量是基于对流域水文特征、排污方式、污染物迁移转化规律进行分析研究的基础上，结合环境管理需求确定的水污染负荷量管理控制目标。一方面反映了流域的自然属性，即水文特征；另一方面又反映了人类对环境的水质目标。

根据《水域纳污能力计算规程》，水域纳污能力是指在设计水文条件下，满足计算水域的水质目标要求时，该水域所能容纳的某种污染物的最大数量。

本报告根据《水域纳污能力计算规程》相关规定，计算模型如下。

水域污染物浓度：

$$C_x = C_0 \exp\left(-k\frac{x}{u}\right) \tag{3-7}$$

式中：C_x 表示流经 x 距离后的污染物浓度，单位(mg/L)；x 表示河段的纵向距离，单位

（m）；u 表示河道断面平均流速（m/s）；k 为污染物综合衰减系数，单位为（1/d）。

根据公式（3-7），通过数学推演给出纳污能力的计算公式。如图 3-1 所示，设某一河段长为 L，设计水位相应的河流断面面积为 A，设计流量为 Q，入流断面设计水质为 C_0，降解系数为 k，此功能区要求水质目标为 C_s，计算其纳污能力 W。

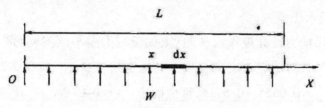

图 3-1　纳污能力计算概化示意图

根据概化，单位河长纳污量应为 W/L，建图示坐标系，在河段内选取一个微段，长为 dx，坐标为 x，则此微段污染物输运至 $x-L$ 处的剩余质量为：

$$dm = \frac{W}{L}\exp\left(-k\frac{L-X}{u}\right)dx \qquad (3-8)$$

单位时间，经过 $x=L$ 所在断面的污染物总质量应为上游 L 长河段内排放的各微段的质量降解至本断面剩余质量的叠加，即

$$m = \int_0^L dm = W\frac{u}{kL}\left[1 - \exp\left(-k\frac{L}{u}\right)\right] \qquad (3-9)$$

$x-L$ 所在断面相应的污染物浓度为：

$$C = W\frac{u}{QkL}\left[1 - \exp\left(-k\frac{L}{u}\right)\right] \qquad (3-10)$$

根据式（3-10）并考虑入流浓度的叠加得到：

$$W = \frac{C_s - C_0\exp\left(-k\frac{L}{u}\right)}{1 - \exp\left(-k\frac{L}{u}\right)}(QkL) = 86.4\frac{C_s - C_0\exp\left(-k\frac{L}{u}\right)}{1 - \exp\left(-k\frac{L}{u}\right)}kV \qquad (3-11)$$

在计算过程中由于流速没有实测资料，将流速转换成径流量进行计算，得近似计算公式如下：

$$W = 86.4\left(Q_0(C_s - C_0) + \frac{kVC_s}{86\,400} + qC_s\right) \qquad (3-12)$$

式中：W 为水域容许纳污量，kg/d；Q_0 上河段来水设计流量，m³/s；C_s 为计算河段水质标准，mg/L；C_0 为上河段水质标准，mg/L；k 为污染物衰减系数，1/d；V 为计算河段水体体积，m³；q 支流汇入流量，m³/s。根据河海大学韩喜龙等人的研究结果，公式（3-11）与（3-12）计算结果相差很小，因此这里可以用水环境容量公式近似计算水域纳污能力。

二、确定综合衰减系数 k

模型综合衰减系数 k 由经验公式法确定，本文根据《水域纳污能力计算规程》中综合

衰减系数的确定方法,以及结合了《重要河湖水功能区纳污能力核定和分阶段限制排污总量控制方案实施细则》中 COD 和 NH_3-N 的综合衰减系数公式确定:

$$k_{cod} = 0.05 + 0.68u \tag{3-13}$$

$$k_{NH3-N} = 0.061 + 0.551u \tag{3-14}$$

式中:u 为河段水流流速。

根据《水域纳污能力计算规程》,参照《太湖流域上游平原河网污染物综合衰减系数的测定》相关研究成果对于综合衰减系数 k 的测定结果:$k_{NH3-N} = 0.0224 \sim 0.3564$、$k_{TN} = 0.0137 \sim 0.3046$、$k_{TP} = 0.0555 \sim 0.5725$,近似确定 $k_{TN} \approx 0.84 \times k_{NH3-N}$,$k_{TP} \approx 1.66 \times k_{NH3-N}$,最终确定流域单元河道综合衰减系数,如下表所示。

表 3-1 单元河道综合衰减系数

单元	TN(1/d)	TP(1/d)	COD(1/d)	NH_3-N(1/d)
1	0.0357	0.0707	0.035	0.0427
2	0.0357	0.0707	0.035	0.0427
3	0.0357	0.0707	0.035	0.0427
4	0.119	0.2345	0.1568	0.1414
5	0.21	0.406	0.1771	0.2492
6	0.0357	0.0707	0.035	0.0427
7	0.2674	0.4004	0.1771	0.2478
8	0.0357	0.0707	0.035	0.0427
9	0.0357	0.0707	0.035	0.0427
10	0.2422	0.4011	0.1771	0.2506
11	0.1834	0.3612	0.1813	0.2177
12	0.0357	0.0707	0.035	0.0427
13	0.0357	0.0707	0.035	0.0427
14	0.2296	0.406	0.1785	0.245
15	0.2464	0.4039	0.182	0.2485
16	0.0357	0.0707	0.035	0.0427
17	0.0357	0.0707	0.035	0.0427
18	0.0357	0.0707	0.035	0.0427
19	0.231	0.4053	0.1757	0.2499
20	0.0357	0.0707	0.035	0.0427
21	0.1883	0.371	0.1813	0.224
22	0.0357	0.0707	0.035	0.0427
23	0.0357	0.0707	0.035	0.0427

单元	TN(1/d)	TP(1/d)	COD(1/d)	$NH_3 - N(1/d)$
24	0.0357	0.0707	0.035	0.0427
25	0.2625	0.4039	0.1771	0.2464
26	0.182	0.3584	0.1792	0.2163
27	0.0357	0.0707	0.035	0.0427
28	0.0357	0.0707	0.035	0.0427
29	0.0357	0.0707	0.035	0.0427
30	0.2184	0.4011	0.1785	0.2506
…	…	…	…	…
227	0.0357	0.0707	0.035	0.0427
228	0.0357	0.0707	0.035	0.0427
229	0.0357	0.0707	0.035	0.0427
230	0.2513	0.4046	0.1764	0.2499
231	0.1295	0.2555	0.1722	0.154
232	0.0357	0.0707	0.035	0.0427
233	0.0868	0.1715	0.1099	0.1036
234	0.0357	0.0707	0.035	0.0427
235	0.0357	0.0707	0.035	0.0427
236	0.0357	0.0707	0.035	0.0427
237	0.2604	0.399	0.1785	0.2457

第四节　水源地生态保护模型的构建

一、计算单元坡度及坡向

坡度及坡向对单元汇流产生重要影响,通过数字高程(DEM)数据库得到相关的地形数据资料,再依据 ArcGIS 空间分析模块获得各单元坡度及坡向数据,如表 3 - 2 所示。

表 3 - 2　计算单元中心坡度及坡向表(单位:度)

单元	X 坐标	Y 坐标	坡度	坡向
1	695216.9649	4454833.29	2.384089	146.065647
2	695959.5816	4453729.59	2.384089	33.934353
3	693395.6483	4454115.651	4.568184	140.727328
4	694072.6129	4453287.757	4.568184	39.272672

单元	X 坐标	Y 坐标	坡度	坡向
5	693064.8291	4451846.285	0.085037	187.271235
6	694479.4445	4452237.208	0.874647	21.1692
7	692979.2955	4451175.921	0.085037	7.271235
8	700964.3853	4451756.303	1.92878	190.733264
9	691822.171	4451630.954	4.59808	111.466972
10	693978.6091	4450597.699	0.190664	59.945506
11	697324.3217	4451609.114	1.576905	32.765367
12	700709.5419	4450411.862	1.92878	10.733264
13	691332.623	4449992.63	0.670134	16.636689
14	695338.8811	4449811.806	3.242257	130.733179
15	696082.6656	4449171.301	3.242257	49.266821
16	699903.688	4448980.377	3.607788	198.63735
17	688743.1019	4448612.282	2.65396	96.780286
18	690024.1655	4448459.971	2.65396	83.219714
19	696271.7311	4448191.512	1.032145	145.063524
20	698714.6645	4448664.63	4.177457	133.160016
…	…	…	…	…
222	675127.0673	4424238.156	0.135077	9.489848
223	670764.2408	4424621.531	0.36078	147.359607
224	673132.2458	4424335.401	0.416576	37.195379
225	676718.0354	4423619.799	0.338461	32.699064
226	668622.5919	4425159.429	0.259445	104.098836
227	677926.4899	4422821.201	1.178589	56.541572
228	674155.9526	4423087.77	0.078051	110.287616
229	671620.8	4423284.244	0.36078	32.640393
230	675533.719	4422578.457	0.26124	143.007389
231	676061.7225	4421877.585	0.26124	36.992611
232	672942.8809	4421978.9	0.000043	206.278475
233	674482.0997	4421628.638	0.000057	185.708052
234	674382.5388	4420632.582	0.000057	5.708052
235	672348.0393	4420774.19	0.000043	26.278475
236	676110.335	4420389.513	0.530163	1.871082
237	688359.0208	4444989.444	0.765552	193.148126

坡向以度为单位按逆时针方向进行测量,0度为正北方向。用两个相邻单元高程最大值计算单元坡度,根据程序的计算结果会出现中心坡度为0的单元。在自然界中,并不会存在坡度完全为0的地形,这主要是受地形资料限制,部分单元中心坡度较小。不影响计算结果。平坡的坡向被指定为−1。洋河水库流域西南部主要是平原,地面起伏小,所以坡度较平缓,而东北部多山地、丘陵地面起伏较大,所以坡度较大,总体来看坡度由北向西南逐渐平缓。

二、确定单元汇流级别

我国传统的流域分级方法看起来清晰,但对于同一级支流,则很难进行比较,更不能用于模型中的程式化运算。在分级后的流域处理中,由于流域单元众多,程式化处理十分必要,因此必须选择一种可以进行程式化处理的沟道分级方法。美国地貌学家 A. N. Stralher 提出的地貌几何定量数学模型分级方法对于流域沟道分级具有较强的科学性,使流域分级定量化,同时使同级流域具有了可比性,因而能够应用于程式化的流域汇流模型的计算。该方法强调在一个流域内,最小的不可再分的支流属于第一级计算单元;多个一级计算单元汇合后组成的新支流为二级计算单元;多个计算单元汇合后的支流称为三级计算单元,依次类推,直到全流域水道划分完毕。按照这种单元分级方法,在进行汇流计算时,只需由低级别单元向高级别单元逐级计算,将低级别单元的计算结果作为相邻高级别单元的输入条件,就可以得到计算结果,不会出现计算中断的情况,这种单元分级汇流的方式我们称之为"拟序"迁移算法。本文通过 Fortran 程序语言进行流域等级划分,具体步骤如下。

(1)首先将没有其他支流汇入的流域或支沟作为1级计算单元。

(2)在确定2级计算单元时,需要对除1级计算单元以外的计算单元进行遍历,只有1级计算单元汇入的计算单元便可确定为2级计算单元。

(3)在确定3级计算单元时,需要对除1、2级计算单元以外的计算单元进行遍历,只有1级或2级计算单元汇入的计算单元便可确定为3级计算单元。

(4)在确定 n 级计算单元时,需要对除 n 级及以下等级的计算单元以外的计算单元进行遍历,当其汇入的计算单元都为已经确定等级的计算单元时,便可确定该计算单元为 n 级计算单元。

(5)我们规定单元划分原则为,每个单元包含唯一的一条河道分支,河道分流、汇流点位于单元边界处,单元内汇流与单元间汇流由地形条件及上下游条件确定;将单元划分为两类,一类是只存在单元内汇流的源流单元,一类是既有单元内汇流也有单元间汇流的汇流单元,共划分单元237个,运用以上方法进行计算单元分级,具体汇流级别分布如图3−2。

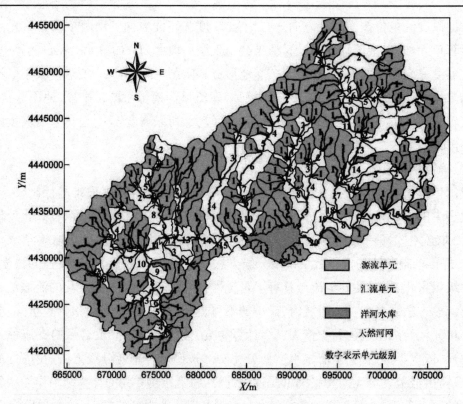

图 3 - 2　洋河水库流域单元汇流级别

各单元坐标及其所属汇流级别如表 3 - 3 所示。水系 1 表示东洋河,水系 2 表示迷雾河,水系 3 表示麻姑营河,4 表示西洋河。

表 3 - 3　洋河水库流域单元汇流级别表

X 坐标	Y 坐标	单元编号	水系	汇流级别
695216.9649	4454833.29	1	1	1
695959.5816	4453729.59	2	1	1
693395.6483	4454115.651	3	1	1
694072.6129	4453287.757	4	1	2
693064.8291	4451846.285	5	1	3
694479.4445	4452237.208	6	1	1
692979.2955	4451175.921	7	1	4
692452.3237	4448359.816	8	1	1
700964.3853	4451756.303	9	1	1
691822.171	4451630.954	10	1	1
701999.2058	4447573.169	11	1	1
696441.013	4446883.959	12	1	9
693978.6091	4450597.699	13	1	5

X 坐标	Y 坐标	单元编号	水系	汇流级别
697324.3217	4451609.114	14	1	2
700709.5419	4450411.862	15	1	1
698977.5991	4447105.656	16	1	4
691332.623	4449992.63	17	3	1
695338.8811	4449811.806	18	3	6
698391.8037	4445317.784	19	1	1
698087.6337	4446862.63	20	1	5
689316.0924	4447043.128	21	1	2
694452.8577	4446559.183	22	1	1
687616.3756	4447252.952	23	1	1
705427.3583	4446926.982	24	1	1
704419.7347	4446049.183	25	1	1
700357.2789	4446254.933	26	1	3
696082.6656	4449171.301	27	1	7
699903.688	4448980.377	28	1	1
696212.7764	4445923.17	29	1	10
689853.6884	4445693.667	30	1	1
691593.6196	4445786.266	31	1	1
694449.449	4445413.34	32	1	1
692594.6032	4445799.624	33	1	1
688743.1019	4448612.282	34	3	1
690024.1655	4448459.971	35	1	1
696271.7311	4448191.512	36	3	8
686187.933	4443727.383	37	1	1
686536.986	4445742.949	38	1	1
697351.4566	4444899.329	39	1	1
697861.8611	4443210.29	40	1	12
…	…	…	…	…
672224.9966	4439095.852	227	4	1
672966.1069	4439294.389	228	4	1
700030.2015	4436989.4	229	4	1
677378.9445	4440374.919	230	4	1
678760.0534	4440613.097	231	4	1

续表

X 坐标	Y 坐标	单元编号	水系	汇流级别
685562.5653	4439874.887	232	4	6
694860.1658	4436773.766	233	4	17
694485.5323	4439595.432	234	4	1
704166.6977	4439089.354	235	4	2
674097.6573	4438890.627	236	4	4
693997.0806	4447649.64	237	3	1

从图中可以看出,所有的源头计算单元都被定为 1 级单元,汇流计算单元则被定为更高级的计算单元,最终得到西洋河水系的最高计算单元等级为 16 级;麻姑营河水系最高计算单元等级 10 级;迷雾河水系最高计算单元等级 9 级,东洋河水系最高计算单元等级 20 级。

三、计算单元形心位置确定

首先利用 surfer 绘图软件的数字化功能得到计算单元边界各点坐标之后,取计算单元边界上某个点为顶点,该顶点与任意相邻的两个点都可组成三角形,有 n 个边界点的计算单元中便可得到 $n-1$ 个这种三角形,如图 3-3 所示。

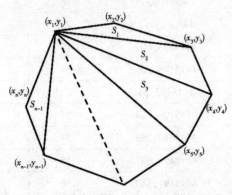

图 3-3　计算单元划分三角形示意图

之后通过公式: $S = \dfrac{1}{2} \begin{vmatrix} x_1 & x_2 & x_3 \\ y_1 & y_2 & y_3 \\ 1 & 1 & 1 \end{vmatrix}$ 得到各三角形面积 S_1,S_2······S_{n-1}。另外将各三角形的顶点坐标取平均值得到各三角形的形心 (x_{c_1}, y_{c_1}),(x_{c_2}, y_{c_2})······$(x_{c_{n-1}}, y_{c_{n-1}})$。设单元的形心坐标 (x_c, y_c),于是

$$x_c = \frac{x_{c_1} \times S_1 + x_{c_2} \times S_2 + \cdots\cdots + x_{c_{n-1}} \times S_{n-1}}{S_1 + S_2 + \cdots\cdots + S_{n-1}}, y_c = \frac{y_{c_1} \times S_1 + y_{c_2} \times S_2 + \cdots\cdots + y_{c_{n-1}} \times S_{n-1}}{S_1 + S_2 + \cdots\cdots + S_{n-1}}$$ 由

此计算得到各个计算单元形心坐标。

村庄坐标由河北省水利水电勘测设计研究院提供,村庄位置如图 3 - 4 所示。

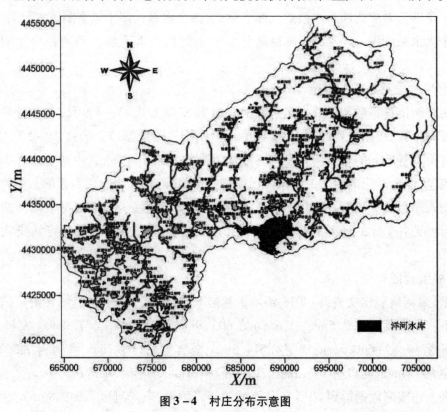

图 3 - 4 村庄分布示意图

第五节 模型参数的确定及验证

一、汇流系数及污染物推移系数的确定

根据河北省水利水电勘测设计研究院提供的实测资料,建模时采用 2013 年各个流域的入库水量为东洋河水系 199.807 万 m³;西洋河水系 5000.051 万 m³;迷雾河水系 1006.288 万 m³;麻姑营河水系 990.784 万 m³。各入库口 9 月份污染物浓度实测值为如下:东洋河水系 11.4mg/L(TN)、0.031mg/L(TP)、小于 10mg/L(COD)、0.2mg/L(NH_3 - N);西洋河水系 9.89mg/L(TN)、0.172(TP)、小于 10mg/L(COD)、0.14mg/L(NH_3 - N);迷雾河水系 26.6mg/L(TN)、0.304mg/L(TP)、小于 10mg/L(COD)、0.94mg/L(NH_3 - N);麻姑营河水系 12.8mg/L(TN)、0.131mg/L(TP)、小于 10mg/L(COD)、0.27mg/L(NH_3 - N)。模型中 COD 浓度取 10mg/L。

1. 汇流系数的确定

根据单元植被面积、植被汇水系数、单元坡度等相关数据,暂定率定系数为 1,可以初步计算得到各单元的汇流系数。继而根据 2013 年四个水系年降雨量、根据公式(3 - 1)

49

计算得到汇流系数,进而可以计算得到各单元的汇流水量及出流水量,其中四个入库水系的出流水量即为对应的四个水系的入库水量,与四个水系入库水量实测值进行对比,便可得到四个大水系的率定系数 X_j,再根据每个单元所在的水系便可得到各单元的率定系数 X_{im}。

2. 污染物推移系数的确定

将污染物推移系数初值及率定系数都取为1,根据公式(3−4)可以初步计算得到各单元的推移系数,根据得到的2013年各单元污染物实测数据以及公式(3−5)、(3−6),可以计算得到各单元的污染物元素入河量及污染物元素出流量,其中四个入库水系的污染物出流量,即为对应的四个大水系的污染物入库量,对比四个入库水系的污染物出流量及污染物入库量的实测值,便可得到四个大水系的率定系数 K_j,根据每个单元所在的大水系便可得到各单元的污染物推移系数 K_{im},并根据公式(3−4)重新确定污染物推移系数 Y_{im}。

二、模型验证

根据《海河流域水文资料》2015年第3卷第1册,洋河水库上游流域各雨量站全年降雨量如下:罗汉洞站690.5mm,王家沟站603.9mm,峪门口站667.0mm,大杨各庄站627.9mm,猩猩峪站660.0mm,双望站514.5mm,陈官屯站608.7mm,燕河营站572.8mm,富贵庄站609.4mm,河口站703.2mm,沈庄站794.1mm,洋河水库站615.9mm。

根据上述实测数据得到2015年各流域的年降雨量,东洋河水系649.86mm;西洋河水系601.72mm;迷雾河水系696.33mm;麻姑营河水系703.92mm。根据汇流系数以及相关公式,计算2015年各子流域的汇流及出流量,计算结果见图3−5至3−8,根据污染物推移系数以及相关公式,计算2015年各子流域污染物汇流及出流量,计算结果见图3−9至3−24。

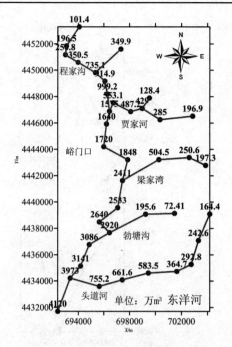

图 3 - 5　东洋河水系出流水量分布

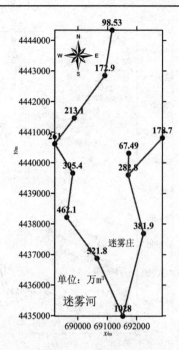

图 3 - 6　迷雾河水系出流水量分布

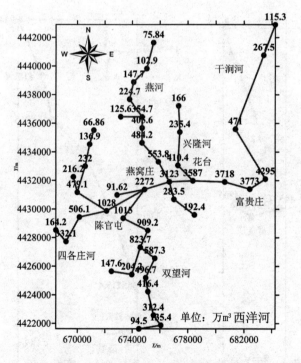

图 3 - 7　西洋河水系出流水量分布

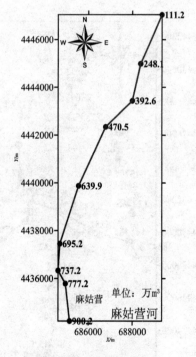

图 3 - 8　麻姑营河水系出流水量分布

根据汇流计算的结果,在这四个水系中,东洋河水系支流众多,年入库水量最大,达到 4576 万 m³,麻姑营河水系的年入库水量最少,仅有 704 万 m³。

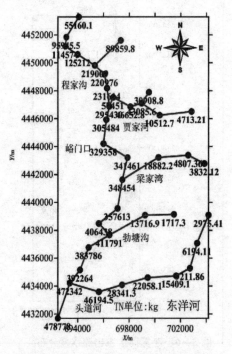

图 3-9　东洋河水系 TN 污染出流量分布　　图 3-10　迷雾河水系 TN 污染出流量分布

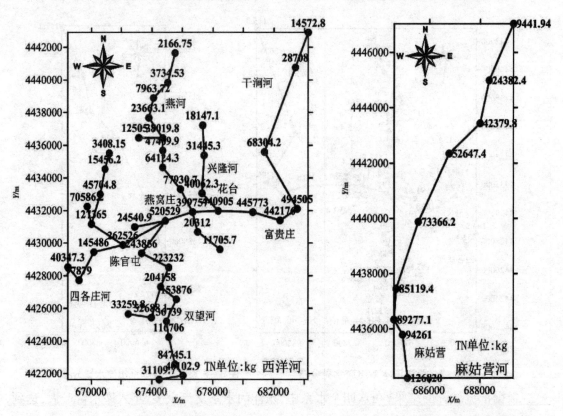

图 3-11　西洋河水系 TN 污染量出流分布　　图 3-12　麻姑营河水系 TN 污染出流量分布

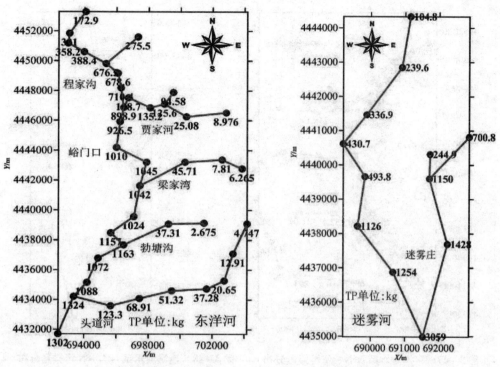

图 3-13　东洋河水系 TP 污染出流量分　　　图 3-14　迷雾河水系 TP 污染出流量分布

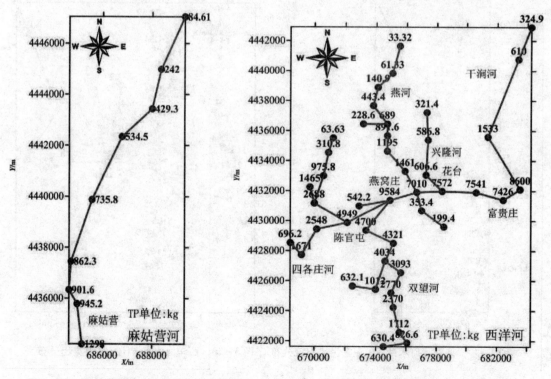

图 3-15　麻姑营河水系 TP 污染出流量分布　　　图 3-16　西洋河水系 TP 污染出流量分布

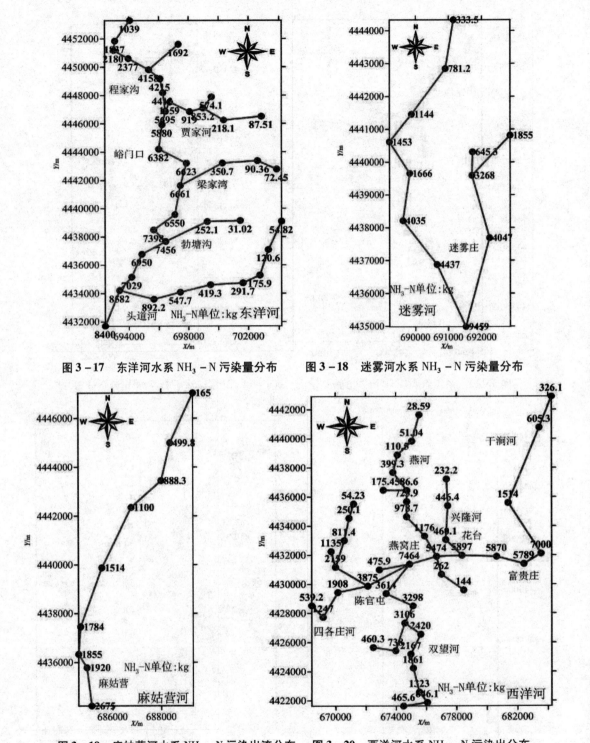

图 3 – 17 东洋河水系 NH₃ – N 污染量分布　图 3 – 18 迷雾河水系 NH₃ – N 污染量分布

图 3 – 19 麻姑营河水系 NH₃ – N 污染出流分布　图 3 – 20 西洋河水系 NH₃ – N 污染出分布

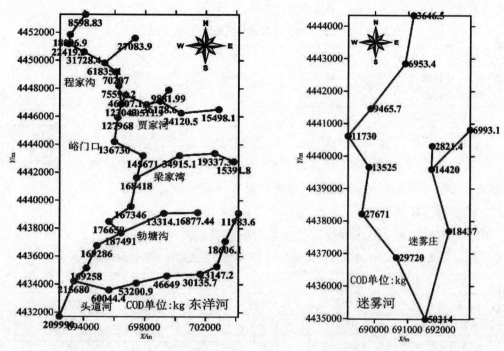

图3-21　东洋河水系 COD 污染出流量分布　　图3-22　迷雾河水系 COD 污染出流量分布

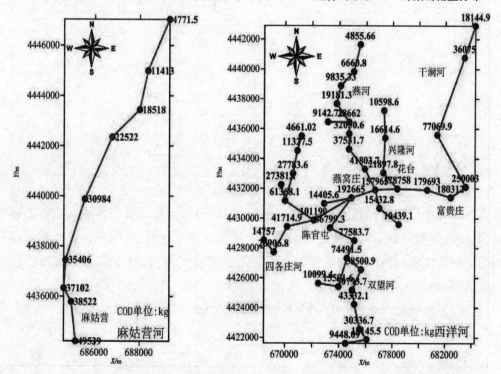

图3-23　麻姑营河水系 COD 污染出流量分布　　图3-24　西洋河水系 COD 污染出流量分布

1. 水量计算结果验证

根据 2015 年的实测资料与模型计算结果,可将各流域入库流计算值与实测值对比,对比结果见表3-4。

表3-4 各流域入库流计算值与实测值对比(单位:万 m³)

2015 年入库水量	东洋河水系	西洋河水系	迷雾河水系	麻姑营河水系
计算值	4576	2640	880	704
实测值	4558.97	2631.37	1124.76	1116.33
误差绝对值	17.03	8.63	244.76	412.33
误差百分比	0.37%	1.36%	21.69%	36.93%

水量验证结果发现,东洋河、西洋河水系的水量计算精度较高,达到误差只有0.374%,1.36%,而迷雾河、麻姑营河水系的计算精度较低,误差超过20%。

2. 污染物计算结果验证

2015 年河北省水文局东洋河河口水质监测数据如表3-5所示。

表3-5 2015 年东洋河水系入库口污染物浓度监测情况表(单位:mg/L)

时间	TN	TP	COD	NH_3-N
1 月 28 日	9.77	0.023	8.2	0.137
2 月 5 日	2.85	0.019	4	0.148
3 月 3 日	9.86	0.015	3.8	0.058
4 月 8 日	7.18	0.02	7.9	0.206
5 月 7 日	7.01	0.016	7.5	0.139
6 月 2 日	4.57	0.015	10.9	0.107
7 月 1 日	4.68	0.019	5.3	0.166
8 月 4 日	11.2	0.025	16	0.105
9 月 1 日	10.8	0.024	9.6	0.108
10 月 12 日	1.8	0.011	17	0.126
11 月 9 日	3.2	0.022	8.4	0.037
12 月 1 日	6.3	0.018	3.6	0.055
平均值	6.593	0.019	8.517	0.116

将各单元的污染物元素出流量除以该单元的出流水量便可得到各单元的污染物出流浓度,其中入库单元的出流浓度即为污染物元素入库浓度计算值,以东洋河水系入库不同时间污染物浓度实测值的平均值作为全年污染物浓度实测值,将计算值与实测值进行对比,对比结果如表3-6所示。

表3-6 东洋河水系入库口污染物浓度实测值与计算值对比(单位 mg/L)

污染物类别	TN	TP	COD	NH_3-N
计算值	6.13	0.0165	10.45	0.123
实测值	6.59	0.019	8.517	0.116
误差绝对值	0.46	0.0035	1.93	0.007
误差百分比	6.96%	17.5%	22.64%	6.03%

　　污染物验证结果发现,计算精度最高的是 TN 及 NH_3-N 的量,误差低于 10%,精度较低的是 TP 和 COD,误差为 17.5% 和 22.64%。

　　从水量验证结果及污染物验证结果来看,所建模型比较可靠,计算精度能够满足要求,可以用于分析洋河水库流域水环境质量及水源地生态保护的研究。

第四章 流域污染现状分析与评价

第一节 洋河水库流域现状污染分析

一、污染物负荷计算

1. 农村生活污水

产生量：生活污水产生量＝人口数量×人均污水排污量(80L／人／天)。

排放量：根据中国环境规划院《全国水环境容量核定工作常见问题解析》技术报告，确定排放系数为0.7，入河系数为0.15。

表4-1 生活污水各指标的含量

元素	TN	TP	COD	NH$_3$-N
含量	35mg/L	3.5mg/L	320mg/L	25mg/L

2. 固体废弃物

固体废弃物主要包括生活废弃物及秸秆废弃物。

生活废弃物产生量＝人口数量×人均生活废弃物量(0.35kg／人／天)。

根据《全国水环境容量核定工作常见问题解析》技术报告，排放系数为0.8，入河系数0.07。

秸秆废弃物产生量＝播种面积×粮食产量与播种面积比例×粮食与秸秆产量比例；排放系数为0.5，入河系数0.07。

3. 化肥流失量

氮肥、磷肥、钾肥、复合肥分别按统计年鉴使用比例计算；现状情况下排放系数为1.0，入河系数为0.6。

4. 畜禽养殖排放量

畜禽养殖排放量＝养殖数量×单只排泄量。

表 4-2　畜禽养殖排放量

项目	猪	牛	禽类	大牲畜	羊
总氮(%)	0.59	0.44	0.99	0.42	0.70
总磷(%)	0.34	0.12	0.58	0.12	0.28
COD(%)	5.2	3.1	4.5	3.1	0.46
NH_3-N(%)	0.31	0.17	0.28	0.17	0.08

表 4-3　现状畜禽养殖粪便入河量

项目	猪	牛	禽类	大牲畜	羊
总氮(%)	5.25	5.68	8.47	5.68	5.3
总磷(%)	5.25	5.5	8.42	5.5	5.2
COD(%)	5.58	6.16	8.59	6.16	5.5
NH_3-N(%)	3.04	2.22	4.15	2.22	4.1

(5)水土流失污染物

$$W = \sum W_i \cdot A_i \cdot ER_i \cdot C_i \cdot 10^{-6} \tag{4-1}$$

式中：W——流域/区域随泥沙运移输出的污染物(t)；

　　　W_i——某一种土地利用类型单位面积泥沙流失量(t/km^2)；

　　　A_i——某一种土地利用类型面积(km^2)；

　　　ER_i——污染物富集系数(TP 为 2.0,总氮为 3.0)；

　　　C_i——土壤中总氮、总磷平均含量(mg/kg)；

排放系数 1.0,入河系数 1.0。

6. 城镇地表径流

$$L = R \cdot C \cdot A \cdot 10^{-6} \tag{4-2}$$

式中：L——年负荷量(kg)；

　　　R——年径流量(mm)；

　　　A——集水区面积(m^2)；

　　　C——平均浓度。

根据《全国水环境容量核定工作常见问题解析》技术报告,确定排放系数 1.0,入河系数 0.5。

二、现状各村庄污染物排放量

根据上述污染负荷计算办法以及实地调研的结果,可以得到各村庄现状条件下污染物排放量如表 4-4,洋河水库流域现状村庄污染物排放量分布如图 4-1 所示。

表4-4 各村庄污染物排放量现状

村庄编号	村名	现状排放量			
		生活污水(t)	固体废弃物(t)	化肥农药(t)	禽畜污染物(t)
1	安屯	8584.80	87.77	120.00	2221.87
2	八家寨	8717.66	100.21	67.94	2196.36
3	白各庄	2217.74	48.34	22.50	187.03
4	白家坊	7102.90	67.21	52.35	249.85
5	北单庄	2851.38	29.51	29.54	470.62
6	北刁	3505.46	28.48	22.00	2910.21
7	北花台	6203.54	73.44	60.83	230.32
8	北坎子	5293.96	64.27	58.20	73.14
9	北台庄	8176.00	70.52	48.39	2063.31
10	北寨	22586.20	215.68	315.00	0.00
11	北张	4435.48	37.53	35.00	2320.73
12	毕家窝铺	6561.24	64.72	66.50	199.66
13	渤河寨	15963.64	147.24	56.00	5272.41
14	蔡各庄	4098.22	71.38	165.00	168.07
15	常各庄	10976.28	126.17	146.95	1084.23
16	陈官屯	13878.76	122.89	118.51	5987.07
17	陈家黑石	2166.64	31.59	52.00	1840.18
18	陈家铺	3679.20	55.39	29.00	2385.12
19	陈庄	4343.50	35.77	29.00	926.51
20	城柏庄	7685.44	57.73	49.07	183.75
21	城角庄	15227.80	107.20	163.28	359.38
22	城里	12652.36	95.21	59.00	5440.10
23	程家沟	7767.20	57.47	60.00	255.60
24	程庄子	2912.70	33.62	38.40	586.52
25	楚庄	3679.20	39.59	32.00	1983.82
26	大曹各寨	10822.98	110.68	108.00	1729.32
27	大岭	1195.74	19.64	31.60	219.11
28	大刘庄	12161.80	143.96	173.81	1630.98
29	大彭庄	10189.34	120.96	146.54	1235.66
30	大石窟	1522.78	13.48	30.00	632.35
31	大王屯	8370.18	99.04	150.00	206.79
32	大新庄	16750.58	170.55	112.63	285.05

村庄编号	村名	现状排放量			
		生活污水(t)	固体废弃物(t)	化肥农药(t)	禽畜污染物(t)
33	大杨	5130.44	42.76	34.00	2806.07
34	代家汀	4088.00	31.53	29.00	563.90
35	单庄	7624.12	82.55	88.62	1051.35
36	单庄	5212.20	55.53	93.00	599.86
37	丁各庄	10792.32	116.25	82.18	268.62
38	丁家庄	11354.42	85.89	138.50	1941.68
39	东董各庄	6275.08	48.09	83.20	1070.59
40	东沟	1635.20	11.93	28.00	1525.19
41	东花台	6234.20	48.88	57.83	231.27
42	东马庄	4803.40	41.46	52.50	208.31
43	东三里庄	3658.76	47.67	46.03	480.57
44	东胜寨	3628.10	36.61	35.00	1581.57
45	东水沟	950.46	22.62	0.80	46.08
46	东吴庄	9831.64	85.29	66.90	226.17
47	东周	2023.56	13.88	41.00	1878.95
48	冬暖庄	5621.00	39.00	47.00	2637.87
49	董各庄	10322.20	111.67	158.00	541.86
50	都石村	6387.50	64.00	269.00	330.97
51	杜各庄	3127.32	21.30	34.00	3362.76
52	二街	10097.36	84.39	72.45	235.47
53	二村	4088.00	27.29	34.00	1032.11
54	二村	11855.20	85.33	255.00	244.77
55	二分村	9443.28	66.53	62.59	821.43
56	范家店	8308.86	56.31	270.20	1089.86
57	范家庄	3546.34	26.92	44.31	1109.65
58	冯家沟	6234.20	87.06	124.14	1056.94
59	扶崖沟	14308.00	123.44	53.00	7166.72
60	付各庄	4333.28	51.93	120.00	135.45
61	富贵庄	11303.32	117.07	74.70	303.45
62	富裕庄	5396.16	55.80	33.00	2126.15
...	...	...	...	...	...
223	一村	8687.00	87.80	200.00	1505.19

续表

村庄编号	村名	现状排放量			
		生活污水(t)	固体废弃物(t)	化肥农药(t)	禽畜污染物(t)
224	一分村	9126.46	91.63	87.11	1201.85
225	印庄	8554.14	90.06	90.00	204.91
226	于各庄	12764.78	107.27	52.00	3965.39
227	峪门口	14113.82	139.87	260.00	179.05
228	袁家沟	10526.60	81.06	41.00	4189.35
229	寨里庄	19418.00	177.63	500.00	1302.84
230	战马王	8186.22	59.93	65.00	509.47
231	张安子	6285.30	78.70	165.00	227.03
232	张各庄	3168.20	39.87	51.53	593.03
233	张各庄	4343.50	49.81	173.00	172.72
234	张家沟	11548.60	140.80	175.87	2820.19
235	张家黑石	5120.22	44.28	28.00	245.79
236	张家铺	3086.44	30.19	36.00	1745.93
237	赵各庄	9300.20	77.55	47.00	3537.47
238	赵官屯	6602.12	87.42	118.85	622.33
239	赵家峪	9024.26	97.58	104.56	3532.27
240	郑各庄	7808.08	94.97	118.30	1464.68

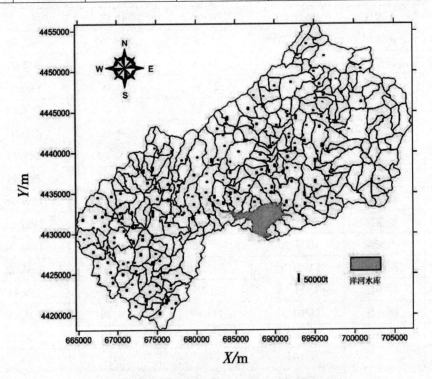

图4-1 洋河水库流域村庄污染物排放量现状分布

　　总体上来看,污染物排放量的分布情况与村庄分布情况相对应,村庄分部越密集的区域污染物排放量也越大。村庄主要沿东西两条主要支流分布,所以污染物排放量主要集中在东洋河水系与西洋河水系。

　　洋河水库流域内各村庄单个污染物现状分布状况如图4-2所示。

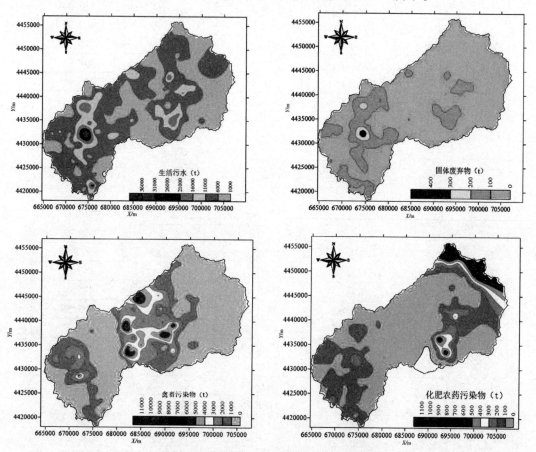

图4-2　各村庄单个污染物排放量等值线图

　　各村庄现状污染物入河量:TN、TP、NH₃-N、COD四种污染物现状入河量结果统计如表4-5所示。

表4-5　各村庄污染物入河量

村庄编号	村名	现状排放量			
		TN	TP	COD	NH$_3$_N
1	安屯	8464.52	3110.21	5494.33	938.70
2	八家寨	4978.84	1896.58	6574.34	648.88
3	白各庄	1476.10	530.50	586.81	162.74
4	白家坊	3376.87	1195.22	864.74	364.09
5	北单庄	2048.96	758.65	1507.06	236.18
6	北刁	2294.79	972.02	8112.35	394.53

村庄编号	村名	现状排放量			
		TN	TP	COD	NH$_3$_N
7	北花台	3913.37	1385.56	820.06	414.21
8	北坎子	3690.28	1295.06	335.60	380.94
9	北台庄	3685.90	1367.75	5380.20	469.24
10	北寨	19739.95	6873.87	422.81	2008.38
11	北张	2938.20	1136.93	6170.18	407.91
12	毕家窝铺	4244.15	1494.22	714.02	446.65
13	渤河寨	5177.86	2054.83	14083.63	792.84
14	蔡各庄	10364.05	3622.80	568.91	1053.13
15	常各庄	9609.60	3439.37	3460.45	1042.77
16	陈官屯	9597.13	3817.95	17487.46	1326.76
17	陈家黑石	4393.59	1796.29	6419.89	525.72
18	陈家铺	2578.82	1011.92	6163.99	370.47
19	陈庄	2119.13	761.94	2180.48	246.15
20	城柏庄	3175.27	1124.45	725.58	339.30
21	城角庄	10368.14	3622.28	1195.85	1072.24
22	城里	5427.58	2191.34	14947.93	845.31
23	程家沟	39100.13	1381.01	533.49	405.01
24	程庄子	2663.62	987.18	1891.22	303.58
25	楚庄	2620.79	997.25	5155.69	354.99
26	大曹各寨	7522.42	2745.89	5031.36	834.03
27	大岭	2045.42	728.54	659.89	220.17
28	大刘庄	11523.78	4160.25	5185.78	1266.84
29	大彭庄	9582.54	3429.96	3802.78	1051.09
30	大石窟	2101.94	750.58	605.31	220.43
31	大王屯	9460.71	3311.52	765.35	971.62
32	大新庄	7203.49	2535.62	1169.85	762.95
33	大杨	3021.43	1194.40	7392.51	444.53
34	代家汀	2011.56	720.58	1447.89	226.64
35	单庄	5902.61	2134.86	3222.91	667.43
36	单庄	6036.12	2129.64	1279.48	629.88
37	丁各庄	5279.76	1865.41	1022.23	560.09
38	丁家庄	9487.21	3487.18	6217.12	1076.96
39	东董各庄	5561.24	2014.85	3253.24	632.47
40	东沟	2335.71	886.75	3809.56	282.76
…	…	…	…	…	…
229	寨里庄	32086.32	11335.44	3878.83	3271.62
230	战马王	4419.68	1602.80	1672.72	466.37
231	张安子	10391.34	3635.89	782.90	1062.86

续表

村庄编号	村名	现状排放量			
		TN	TP	COD	NH_3_N
232	张各庄	3416.41	1233.48	1788.24	383.72
233	张各庄	10869.90	3786.79	125.01	1092.86
234	张家沟	11955.90	4380.01	8511.43	1387.99
235	张家黑石	1859.35	651.81	158.04	192.67
236	张家铺	2798.15	1018.22	4170.22	339.25
237	赵各庄	4077.66	1615.74	9624.28	603.76
238	赵官屯	7639.67	2707.26	1936.91	813.15
239	赵家峪	7661.32	2920.37	10429.40	1002.98
240	郑各庄	7876.77	2850.55	4413.76	891.66
241	重峪口	6615.48	2344.28	1360.03	704.60

TN、TP、NH_3-N、COD 四种污染物入河量等值线分布图 4-3 所示。

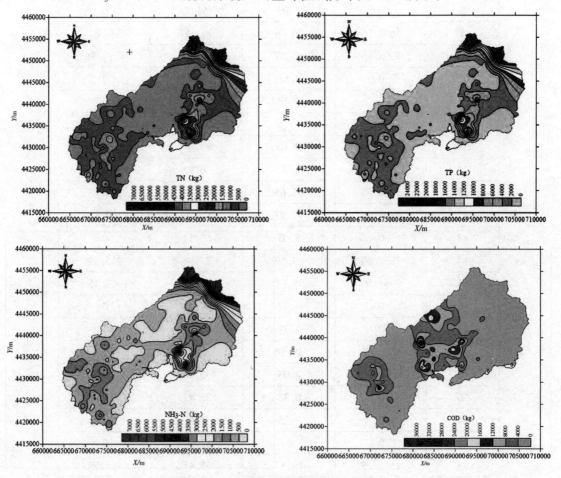

图 4-3 各污染物入河量等值线分布图

从分布情况来看,TN、TP、NH_3-N 主要集中在流域东北部以及东洋河水系。现状条件下等值线较密,说明各污染物入河量比较大。结合污染物排放量分布图比较,TN、TP、$HN_3 - N$ 分布主要与化肥农药污染源分布一致。COD 主要集中在中部以及西羊河水系,与禽畜养殖产生的污染物分布一致。

三、各单元的污染物负荷

1. 排放量

将村庄与计算单元进行匹配,确定各单元内污染物的负荷量,现状条件下污染物排放量如表4-6所示。

表4-6 现状下各单元污染物排放量

单元编号	污染物排放量现状			
	生活污水(t)	固体废弃物(t)	肥药污染物(t)	禽畜污染物(t)
1	0	0.57	238.50	0
2	0	2.28	105.11	0
3	0	1.09	351.33	0
4	5600.56	36.86	302.57	331.62
5	8308.86	53.57	14.53	1089.86
6	0	1.88	177.96	0
7	0	0.38	35.46	0
8	0	0.76	260.73	0
9	0	0.96	89.46	0
10	0	2.94	36.92	0
11	6387.50	63.65	405.94	330.98
12	5804.96	37.97	224.52	440.89
13	0	5.05	69.54	0
14	7869.40	55.59	37.94	715.49
15	9964.50	78.97	78.42	967.45
16	0	0.37	84.70	0
17	0	1.79	11.46	0
18	5651.66	38.50	11.03	1733.91
19	0	8.05	53.94	0
20	0	0.32	22.47	0
21	0	0.25	4.80	0
22	0	0	82.99	0
23	11129.5	76.84	65.41	498.59
24	0	2.05	296.96	0

续表

单元编号	污染物排放量现状			
	生活污水(t)	固体废弃物(t)	肥药污染物(t)	禽畜污染物(t)
25	2013.34	15.16	42.67	267.68
26	0	2.87	12.18	0
27	0	10.91	91.03	0
28	12161.8	88.23	72.33	1029.84
29	0	2.29	15.40	0
30	4394.60	38.04	101.19	23.25
31	5518.80	35.96	9.55	792.41
32	0	9.07	40.82	0
33	0	0.59	11.71	0
34	1921.36	15.64	27.46	1156.39
35	4118.66	30.73	65.18	263.91
36	2963.80	22.17	29.50	2283.03
37	0	0	7.31	0
38	0	0	2.97	0
39	9565.92	67.02	9.95	1008.82
40	2657.20	22.97	67.12	0
41	0	8.46	22.48	0
42	4343.50	30.82	10.72	926.51
43	6438.60	57.63	74.80	1428.96
44	0	4.00	19.63	0
45	0	8.94	23.96	0
46	10526.6	79.60	47.15	4189.35
47	10148.5	83.51	61.85	160.86
48	5120.22	38.90	18.90	245.79
49	0	8.09	21.96	0
…	…	…	…	…
213	20818.14	233.74	289.03	1073.71
214	12958.96	155.42	498.22	362.47
215	6275.08	69.52	126.13	1070.59
216	10700.34	119.33	134.07	1477.92
217	6060.46	65.06	83.22	182.81
218	0	25.20	66.62	0

续表

单元编号	污染物排放量现状			
	生活污水(t)	固体废弃物(t)	肥药污染物(t)	禽畜污染物(t)
219	0	50.27	119.78	0
220	12918.08	137.93	156.86	1560.09
221	18365.34	188.38	199.09	2614.45
222	10189.34	109.18	111.30	1235.66
223	11885.86	166.71	236.96	319.90
224	3863.16	54.49	123.42	125.88
225	15411.76	122.13	112.93	2911.85
226	50568.56	612.62	971.09	1786.97
227	827.82	26.03	72.50	164.82
228	15605.94	144.20	175.07	2193.57
229	19816.58	229.55	167.18	662.61
230	0	11.54	51.68	0
231	18242.70	126.64	35.79	1461.23
232	12376.42	135.44	147.83	1733.12
233	0	39.50	119.61	0
234	3546.34	34.59	56.02	1109.65
235	7409.50	103.45	146.89	554.18
236	58489.06	550.99	479.71	4016.87
237	10955.84	79.59	22.48	4291.88

2. 入河量

根据入河量相应的计算方法可得到各单元入河量,现状下各单元污染元素入河量如表 4 - 7 所示。

表 4 - 7　现状下各计算单元污染入河量

单元编号	现状污染物入河量			
	TN(kg)	TP(kg)	COD(kg)	$NH^3 - N$(kg)
1	15350.2	5257.50	14059.95	1535.02
2	6940.88	2348.17	11300.95	694.09
3	22751.87	7769.28	24776.70	2275.19
4	19694.74	6749.54	20713.49	1987.28
5	1388.54	530.77	5628.82	205.69
6	11689.75	3964.55	17349.46	1168.97

单元编号	现状污染物入河量			
	TN(kg)	TP(kg)	COD(kg)	$NH^3 - N$(kg)
7	2441.84	809.65	6743.18	244.18
8	20749.84	7057.95	27261.77	2074.98
9	6161.52	2042.81	17045.93	616.15
10	2669.69	865.58	10725.48	266.97
11	30604.97	10106.58	96700.60	3082.84
12	18051.75	6161.34	24757.43	1827.92
13	5721.46	1751.59	40411.86	572.15
14	3283.75	1132.74	15678.11	354.84
15	5940.29	2086.92	18788.93	659.96
16	6781.40	2289.98	11723.89	678.14
17	1168.61	328.26	13242.87	116.86
18	1765.41	557.75	18537.58	226.75
19	3695.91	1228.98	9526.17	369.49
20	1928.88	579.81	15405.62	192.89
21	444.70	129.73	4219.85	44.47
…	…	…	…	…
226	64276.51	22018.43	69981.15	6621.35
227	5179.48	1712.02	18035.26	529.59
228	12345.82	4293.79	25299.64	1365.92
229	11768.32	4012.79	30536.24	1266.08
230	3441.03	1160.84	6339.93	344.10
231	2955.00	1127.05	7400.67	414.29
232	10106.80	3598.27	13511.55	1138.41
233	8056.02	2803.00	11743.64	856.11
234	4377.83	1546.35	16801.82	527.08
235	10037.74	3424.43	21069.64	1049.62
236	32933.62	11539.51	53425.78	3637.61
237	3334.94	1308.50	27937.91	580.61

将生活污水、固体废弃物、化肥污染物、禽畜排泄物、水土流失污染物,城镇地表径流的排放量乘以相应的入河系数便可得到相应的入河量,进而可得到各污染元素的入河量,汇总后得到现状下各计算单元污染物元素入河量。计算结果见图4-4。

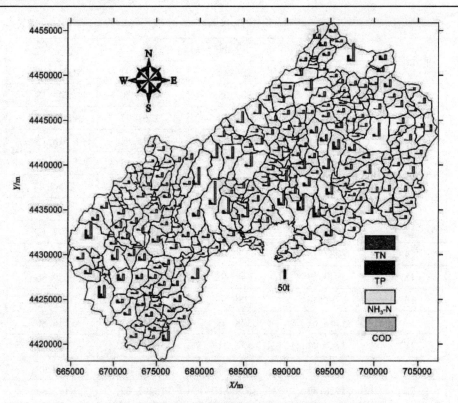

图4-4 洋河水库流域现状下各计算单元污染物入河量分布图

四、计算单元污染物量计算结果单因素分析

为了验证计算结果是否合理,将计算单元各种污染物量的浓度与其有可能相关的因素进行对比分析。

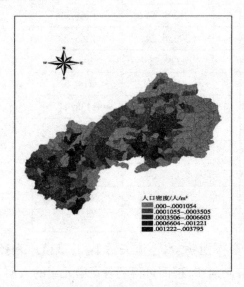

图4-5 计算单元人口密度图

图4-6 计算单元生活污水产生量密度图

通过对比图4-5、图4-6可以得到,生活污水的产生量与人口分布规律一致,由于生活污水都是由人类活动产生的,符合实际情况。

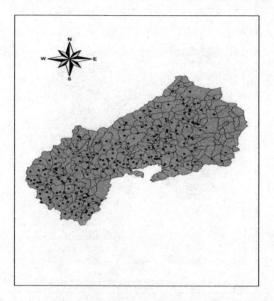

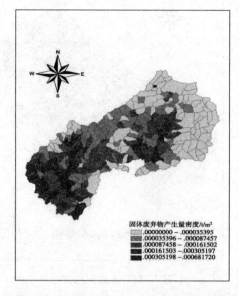

图4-7 流域村庄分布图　　　　　图4-8 计算单元固体废弃物产生量密度图

对比图4-7、图4-8可以看出固体废弃物的产生,主要与村庄分布的密集程度有关,村庄分布越密集的地方,固体废弃物产生得越多。

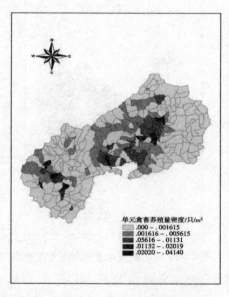

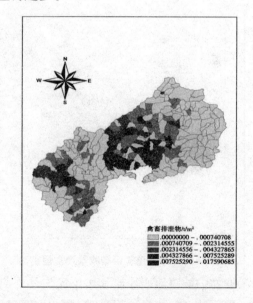

图4-9 计算单元禽畜养殖量密度图　　　图4-10 计算单元禽畜排泄物产生量密度图

对比图4-9、图4-10可以看出禽畜排泄物的产生,主要与禽畜养殖量有关,养殖量越大的地方,产生的排泄物也越多。

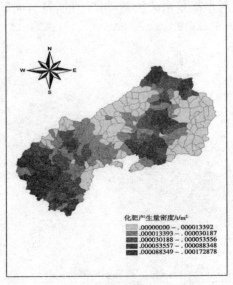

图 4 - 11　土地利用情况　　　　图 4 - 12　计算单元化肥产生量密度图

化肥污染物产生量主要与土地利用类型分布相关,西洋河水系周边地势平坦,耕地较多,种植作物量大,农药化肥使用量也相对较大,因此污染物密度较大,图 4 - 11、图 4 - 12。

图 4 - 13 水土流失污染物量产生量密度　　图 4 - 14 城镇地表径流量产生量密度图

污染物中城镇地表径流和水土流失悬浮物污染量的分布见图 4 - 13、图 4 - 14。这部分污染量与地形地势和地形种类分布有关,城镇地表径流在山区地势区较大,化肥流失在施肥量大的区域较大,水土流失悬浮物污染量在地势平坦区较大。

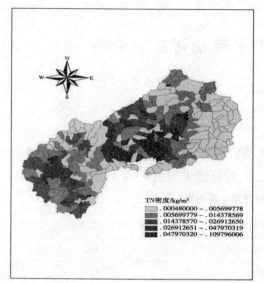
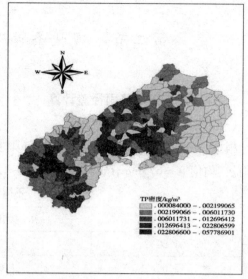
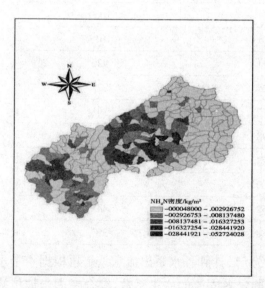
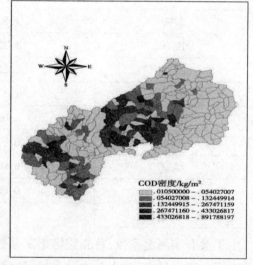

图 4 - 15　各污染物产生量密度

从各种污染物的分布图可以看出各元素的分布大致与人口密度和村庄分布正相关，这说明污染物的产生量与人类活动密切相关。

从图 4 - 15 中可以看出，生活污水、固体废弃物、畜禽养殖以及各污染物成分主要与村庄或人口的分布有关，村庄或人口分布越密集的地方，单位面积产生的以上污染物就越多；化肥流失、单位面积的水土流失悬浮物主要与土地利用类型相关。地势平坦，耕地较多，种植作物量大，农药化肥使用量也相对较大，因此污染物密度较大；不同土地利用类型单位面积产生的水土流失悬浮物从大到小依次为农田、荒地、森林；而单位面积产生的城镇地表径流污染物，则主要与地形相关，山区年径流量要高于山前丘陵区年径流量，而总体上看各污染物元素的产生量则与人类活动密切相关，主要体现为与口密度和村庄分布正相关。

第二节　现状条件下水域纳污能力分析

一、洋河水库流域降雨径流计算

（一）各保证率下年降雨量

根据 1968—2015 年洋河水库流域降雨实测资料，由 P－Ⅲ型曲线得到各保证率下年降雨量，均值 $X = 675\text{mm}$，$Cv = 0.28$，$Cs/Cv = 2.0$，计算结果如表 4－8 所示。

表 4－8　不同保证率下降雨量

P(%)	Kp（模比系数）	降水量（mm）
1.00	1.764	1190
2.00	1.655	1117
3.33	1.571	1060
5.00	1.501	1013
10.00	1.371	926
20.00	1.225	827
25.00	1.172	791
33.30	1.098	741
50.00	0.974	657
75.00	0.800	540
90.00	0.662	447
95.00	0.588	397

由于没有实测汇系数，首先假定率定系数为 1，计算各水系出流水量。再根据 4 个水系的实测入库水量，反推出各水系水量，便可确定各支流的修正系数，综合考虑当地植被地形等因素，根据水量平衡，反复率定最后得到各单元的产流系数为 0.2～0.4。各河段径流计算结果如表 4－9 所示。表中 0 表示直接入库单元，1 为东洋河水系，2 为迷雾河水系，3 为麻姑营河水系，4 为西洋河水系。根据地形划分的汇流级别，单元入流水量为 0 即为源头单元。90% 保证率下东洋河水系出流水量 2384 万 m^3，西洋河水系 3190.8 万 m^3，迷雾河水系 660.2 万 m^3，麻姑营河水系 571.7 万 m^3，即入库总量 0.68 亿 m^3。4 大水系各单元出流水量如图 4－16 所示。

表4-9 90%保证率下各河段径流量计算结果

河段编号	水系	面积(km²)	雨水量（万 m³）	入流水量（万 m³）	出流水量（万 m³）	产汇流系数
160	0	1.693	75.683	0	17.136	0.226
161	0	5.638	252.004	0	53.937	0.214
167	0	2.081	93.022	0	24.251	0.261
176	0	5.995	267.980	0	59.429	0.222
181	0	1.180	52.762	0	10.644	0.202
164	1	5.328	238.180	2679.808	2732.752	0.222
165	1	3.745	167.412	482.243	519.450	0.222
177	1	2.537	113.426	0	27.140	0.239
185	1	4.893	218.718	0	44.040	0.201
188	1	5.495	245.610	2776.792	2834.109	0.233
…	…	…	…	…	…	…
44	2	2.025	90.532	0	21.229	0.234
54	2	2.267	101.323	0	23.377	0.231
55	2	2.411	107.792	38.665	63.248	0.228
129	2	2.069	92.479	313.812	334.962	0.229
175	2	7.939	354.870	580.145	660.224	0.226
17	3	1.892	84.565	0	15.526	0.184
18	3	2.140	95.675	0	18.652	0.195
34	3	3.655	163.364	34.178	70.593	0.223
36	3	2.846	127.223	0	29.412	0.231
41	3	2.986	133.453	0	32.818	0.246
233	4	1.769	79.096	51.902	70.202	0.231
234	4	2.442	109.169	0	25.213	0.231
235	4	3.678	164.389	0	35.724	0.217
236	4	7.659	342.364	0	81.706	0.239

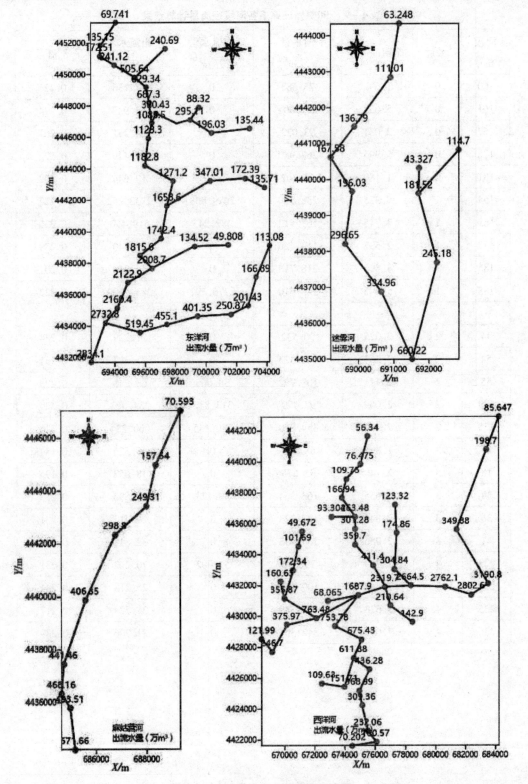

图 4 – 16　四个水系各单元出流水量

（二）月降雨量计算

采用华北1961—2011年多年各月降雨实测数据,如图4-17所示,推求洋河流域各月降雨数据。

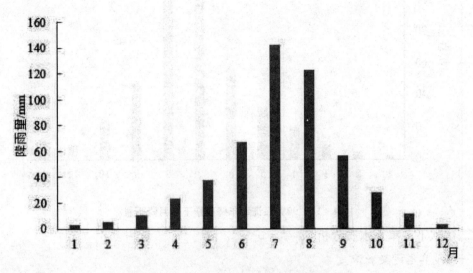

图4-17　1961-2011年华北各月降雨统计

根据统计资料可以获得每月降雨量与全年降雨比例,如表4-10所示。

表4-10　各月降雨量占全年降雨量比例

月份	全年平均降雨（mm）	月降雨（mm）	全年占比
1	512	3	0.006
2	512	5.5	0.011
3	512	10.8	0.021
4	512	23.5	0.046
5	512	37.8	0.074
6	512	66.8	0.130
7	512	142.3	0.278
8	512	123	0.240
9	512	56.7	0.111
10	512	27.8	0.054
11	512	11.2	0.022
12	512	3.4	0.007

由表中比例可以看出,7、8月时降雨比较集中,符合华北地区的实际情况。根据上述比例可以求得90%保证率年降雨量下各月降雨量,如图4-18所示。

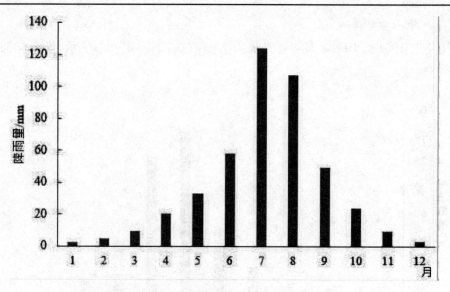

图 4-18　90%保证率年降雨量下各月降雨量

二、现状下各单元水质分析

(一)各单元污染物浓度

通过降雨汇流以及污染物迁移模型可以得到各单元污染物量以及各单元水质情况，主要计算了 TN、TP、COD、NH_3-N 四种污染物。计算结果如表 4-11 所示。表中 0 表示直接入库单元，1 表示东洋河水系，2 表示迷雾河水系，3 表示麻姑营河水系，4 表示西洋河水系。西洋河水系入库河口位于 178 号单元，麻姑营河水系入库河口位于 163 号单元，迷雾河水系入库河口位于 175 号单元，东洋河水系入库河口位于 188 号单元。表中单元带星号(*)表示沟口所在位置，东洋河水系主要沟口位置，11 号单元为陈家沟，25 号为贾家河，57 号为梁家湾，119 号为勃塘口，165 号为头道沟；迷雾河水系沟口为 128 号单元；西洋河水系主要沟口位置，162 号为干涧河，170 号为兴隆河，168 号为燕河，190 号为冯家沟，205 号为双旺河，189 号为四各庄河。

表 4-11　各单元污染物浓度计算结果

单元	水系	TN 浓度值（mg/L）	TP 浓度值（mg/L）	COD 浓度值（mg/L）	NH3-N 浓度值（mg/L）
1	1	47.87	0.13	5.75	0.82
2	1	29.39	0.08	6.26	0.50
3	1	46.04	0.13	6.55	0.78
4	1	48.59	0.14	6.99	0.83
5	1	43.43	0.12	7.37	0.75
6	1	34.89	0.10	6.77	0.59
7	1	40.69	0.11	7.25	0.70

单元	水系	TN 浓度值 （mg/L）	TP 浓度值 （mg/L）	COD 浓度值 （mg/L）	NH3 - N 浓度值 （mg/L）
8	1	38.72	0.11	6.65	0.66
9	1	23.62	0.06	8.54	0.40
10	1	31.83	0.09	7.43	0.55
11 *	1	22.90	0.06	6.41	0.39
…	…	…	…	…	…
100	2	34.82	0.43	10.68	1.59
101	2	19.46	0.20	5.06	0.56
102	1	1.08	0.01	0.77	0.03
103	4	10.85	0.17	7.58	0.13
104	4	6.62	0.10	6.72	0.08
105	4	6.57	0.10	5.92	0.08
106	4	7.04	0.11	4.68	0.09
107	3	18.67	0.19	7.98	0.38
108	1	1.92	0.01	0.97	0.04
109	1	24.89	0.08	13.18	0.56
110	1	1.62	0.00	6.14	0.03
111	4	3.86	0.06	5.71	0.05
112	4	6.98	0.11	5.98	0.09
113	3	19.42	0.18	7.28	0.31
114	2	26.28	0.28	5.33	0.83
115	1	0.31	0.00	0.76	0.01
116	4	12.37	0.21	6.96	0.18
117	1	9.92	0.03	6.28	0.17
118	4	5.21	0.08	6.06	0.06
119 *	1	1.29	0.01	0.90	0.03
120	1	2.88	0.01	7.59	0.05
121	4	6.90	0.11	6.34	0.10
122	3	12.54	0.14	5.87	0.29
123	4	9.07	0.15	5.49	0.12
124	4	7.72	0.12	5.30	0.09
125	4	9.74	0.16	5.65	0.13
126	4	7.01	0.11	6.21	0.10

单元	水系	TN 浓度值（mg/L）	TP 浓度值（mg/L）	COD 浓度值（mg/L）	NH3－N 浓度值（mg/L）
127	4	14.77	0.25	5.81	0.19
128*	2	43.69	0.47	6.30	1.38
129	2	13.32	0.17	4.45	0.60
130	4	2.52	0.03	6.02	0.03
131	3	17.20	0.17	7.56	0.31
132	1	2.18	0.00	6.41	0.04
133	1	4.07	0.01	8.65	0.07
134	3	12.83	0.14	5.95	0.30
135	3	19.85	0.18	7.25	0.31
228	4	18.12	0.31	6.96	0.25
232	4	36.37	0.65	9.15	0.51
233	4	23.10	0.40	7.11	0.31
234	4	10.06	0.18	7.25	0.15
235	4	16.16	0.27	6.36	0.21
236	4	22.68	0.39	6.87	0.31
237	3	15.97	0.16	7.76	0.33

（二）各水系水质情况分析

通过模型计算输出 4 个水系各单元出口水质情况。表 4－12 地表水环境质量标准作为水质评价标准。

表 4－12　地表水环境质量标准单位（mg/L）

项目		I 类	II 类	III 类	IV 类	V 类
化学需氧量（COD）	≤	15	15	20	30	40
氨氮（NH$_3$－N）	≤	0.15	0.5	1.0	1.5	2.0
总磷（TP）	≤	0.02	0.1	0.2	0.3	0.4
总氮（TN）	≤	0.2	0.5	1.0	2.0	3.0

1. TN

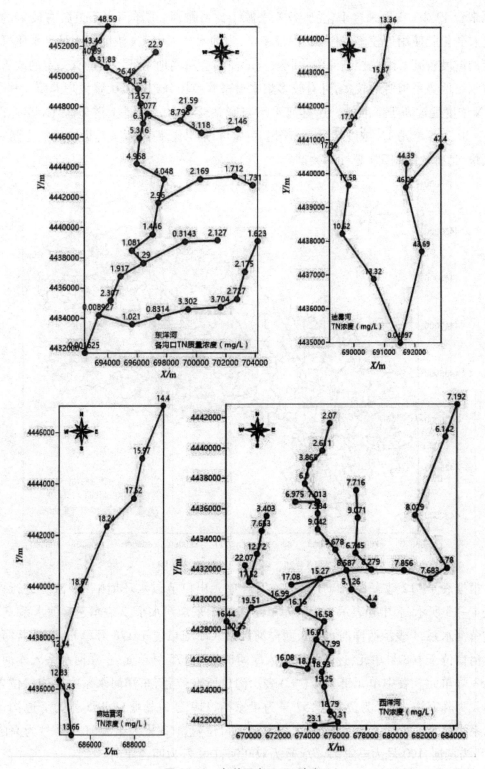

图 4 – 19　各单元出口 TN 浓度

从图 4 – 19 中可以看出东洋河水系上游各单元出口 TN 浓度超标比较严重,从 TN 的来源来看49.2%主要来自于化肥,42%来源于禽畜排泄,东洋河水系上游有较多的耕地因此农药化肥使用量较多,且90%保证率下,当地水环境中 TN 浓度相比Ⅲ类水质标准所规定的浓度较高。因此控制源头化肥农药的使用会对当地水环境质量有一定的改善。西洋河水系地势平坦耕地较多,且有较多集中禽畜养殖场分布以及大量散户养殖,因此同样的 TN 浓度远远高于标准值。迷雾河水系与麻姑营河水系也是上游地区 TN 超标严重。图 4 – 20 为各单元 TN 浓度情况分布图。由此可以得出,控制源头污染物的产生量,减少排放量,是有效控制 TN 超标的关键。

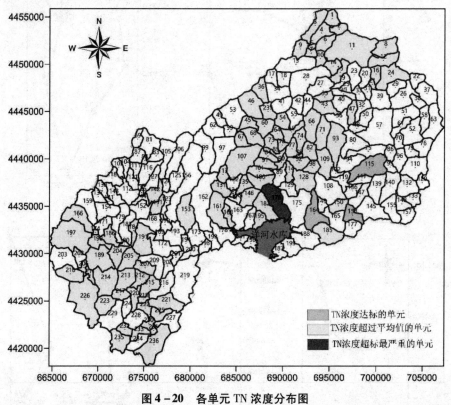

图 4 – 20　各单元 TN 浓度分布图

根据表 4 – 12 地表水环境质量标准对各单元出口节点水环境中 TN 浓度进行评价,如表 4 – 13 所示,表中 0 表示直接入库单元,1 表示东洋河水系,2 表示迷雾河水系,3 表示麻姑营河水系,4 表示西洋河水系。西洋河水系入库河口位于 178 号单元,麻姑营河水系入库河口位于 163 号单元,迷雾河水系入库河口位于 175 号单元,东洋河水系入库河口位于 188 号单元。表中单元带星号(*)表示沟口所在位置,东洋河水系主要沟口位置,11 号单元为陈家沟,25 号为贾家河,57 号为梁家湾,119 号为勃塘口,165 号为头道沟;迷雾河水系沟口为 128 号单元;西洋河水系主要沟口位置,162 号为干涧河,170 号为兴隆河,168 号为燕河,190 号为冯家沟,205 号为双旺河,189 号为四各庄河。

表4－13　各单元出口TN评价表

单元支沟	水系	TN浓度(mg/L)	Ⅲ类水质标准(mg/L)	是否超标	超标倍数
1	1	77.6	1.0	超标	76.6
2	1	47.6	1.0	超标	46.6
3	1	74.6	1.0	超标	73.6
4	1	78.8	1.0	超标	77.8
5	1	70.4	1.0	超标	69.4
6	1	56.6	1.0	超标	55.6
7	1	66.0	1.0	超标	65.0
8	1	62.8	1.0	超标	61.8
9	1	38.3	1.0	超标	37.3
10	1	51.6	1.0	超标	50.6
11 *	1	37.1	1.0	超标	36.1
12	1	67.5	1.0	超标	66.5
13	1	14.6	1.0	超标	13.6
…	…	…	…	…	…
110	1	2.6	1.0	超标	1.6
111	4	7.1	1.0	超标	6.1
112	4	12.8	1.0	超标	11.8
113	3	15.5	1.0	超标	14.5
114	2	27.1	1.0	超标	26.1
115	1	0.5	1.0	达标	—
…	…	…	…	…	…
229	4	20.8	1.0	超标	19.8
230	4	34.6	1.0	超标	33.6
231	4	37.4	1.0	超标	36.4
232	4	66.9	1.0	超标	65.9
233	4	42.5	1.0	超标	41.5
234	4	18.5	1.0	超标	17.5
235	4	29.7	1.0	超标	28.7
236	4	41.7	1.0	超标	40.7
237	3	12.7	1.0	超标	11.7

　　东洋河水系共有83个单元,其中TN达标单元仅有4个,最高超标77.8倍。TN出流浓度均值15.19mg/L,出流浓度超过均值的单元有9个,分别是4、5、7、10、11、14、15、19、21,其中TN出流浓度最大单元是4号单元,4号单元面积2.87km²,周围有3个村庄,耕地较多,最大出流浓度78.77mg/L,主要是因为4号单元是汇流单元污染物量大,且在源头

水量少,导致浓度较高。

西洋河水系共有子单元97个,根据《地表水环境质量标准》Ⅲ类水标准(TN≤1mg/L),各单元TN全部超标,其中TN出流浓度最大单元是233号单元,单元面积3.53km²,最大出流浓度42.50mg/L,最小出流浓度单元81单元,最小浓度是3.81mg/L。流域TN出流浓度均值21.64mg/L,出流浓度超过均值的单元有20个。

迷雾河水系共有单元27个,根据《地表水环境质量标准》Ⅲ类水标准(TN≤1mg/L),各单元TN全部超标,TN出流浓度均值24.69mg/L,出流浓度超过均值的单元有4个,其中TN出流浓度最大单元是82号单元,单元面积2.56km²,最大出流浓度48.88mg/L,TN出流量最大单元为128单元,最大出流量110469kg。

麻姑营河水系共有单元20个,根据《地表水环境质量标准》Ⅲ类水标准(TN≤1mg/L),各单元TN全部超标,单元TN出流浓度均值12.16mg/L,出流浓度超过均值的单元有4个,其中TN出流浓度最大单元是107号单元,单元面积9.11km²,最大出流浓度14.88mg/L,TN出流量最大单元为163单元,污染物输出量为62244.86kg。

总的来看洋河水库流域TN超标严重,且具有普遍性。需要采取相应的措施进行治理。

2. TP

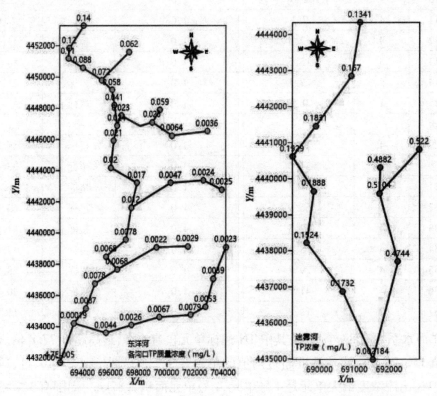

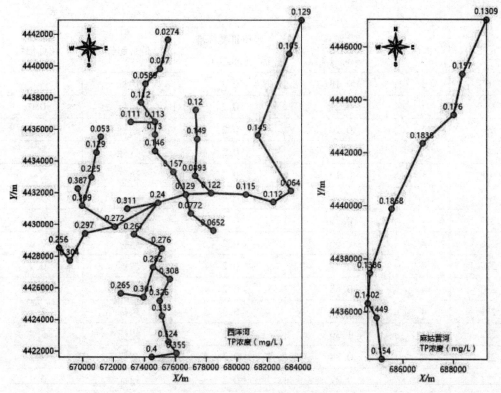

图 4 – 21 各单元出口 TP 浓度

根据表 4 – 12 地表水环境质量标准对各单元出口节点水环境中 TP 浓度进行评价,如表 4 – 14 所示,表中 0 表示直接入库单元,1 表示东洋河水系,2 表示迷雾河水系,3 表示麻姑营河水系,4 表示西洋河水系。西洋河水系入库河口位于 178 号单元,麻姑营河水系入库河口位于 163 号单元,迷雾河水系入库河口位于 175 号单元,东洋河水系入库河口位于 188 号单元。表中单元带星号(*)表示沟口所在位置,东洋河水系主要沟口位置,11 号单元为陈家沟,25 号为贾家河,57 号为梁家湾,119 号为勃塘口,165 号为头道沟;迷雾河水系沟口为 128 号单元;西洋河水系主要沟口位置,162 号为干涧河,170 号为兴隆河,168 号为燕河,190 号为冯家沟,205 号为双旺河,189 号为四各庄河。

表 4 – 14 各单元出口 TP 浓度评价表

单元支沟	水系	TP 浓度 （mg/L）	水质Ⅲ类标准 （mg/L）	是否超标	超标倍数
1	1	0.24	0.2	超标	0.2
2	1	0.15	0.2	达标	–
3	1	0.23	0.2	超标	0.2
4	1	0.25	0.2	超标	0.2
5	1	0.22	0.2	超标	0.1

单元支沟	水系	TP 浓度（mg/L）	水质Ⅲ类标准（mg/L）	是否超标	超标倍数
6	1	0.18	0.2	达标	—
7	1	0.21	0.2	超标	0.0
8	1	0.20	0.2	超标	0.0
9	1	0.12	0.2	达标	—
10	1	0.16	0.2	达标	—
…	…	…	…	…	…
227	4	0.28	0.2	超标	0.4
228	4	0.66	0.2	超标	2.3
229	4	0.39	0.2	超标	0.9
230	4	0.68	0.2	超标	2.4
231	4	0.75	0.2	超标	2.7
232	4	1.36	0.2	超标	5.8
233	4	0.84	0.2	超标	3.2
234	4	0.37	0.2	超标	0.9
235	4	0.58	0.2	超标	1.9
236	4	0.82	0.2	超标	3.1
237	3	0.12	0.2	达标	—

东洋河水系 TP 最大出流浓度单元为 4 单元,单元面积 2.87km^2。TP 最大出流浓度 0.25mg/L,超标 0.2 倍。TP 超标单元 17 个,TP 出流浓度均值 0.05mg/L,高于均值的单元有 9 个。

西洋河水系 TP 最大出流浓度单元均为 232 号单元,单元面积 1.57km^2。超出标准值 5.8 倍。TP 最大出流浓度 1.36mg/L,超标单元 36 个,TP 出流浓度均值 0.41mg/L。

迷雾河水系 TP 最大出流浓度单元为 82 单元,单元面积 2.56km^2。其中 TP 最大出流浓度 0.55mg/L,TP 超标单元 5 个,TP 出流浓度均值 0.28mg/L。

麻姑营河水系 TP 最大出流浓度单元为 107 单元,单元面积 9.11km^2,其 TP 最大出流浓度 0.14mg/L。所有单元 TP 全部达标(TP≤0.2mg/L),TP 出流浓度均值 0.12mg/L。

总的来看 P 元素超标主要集中在西洋河水系,因为西洋河水系地势平坦,耕地较多化肥使用较多,导致 TP 超标严重,需要采取相应的措施进行治理。

3. NH_3-N

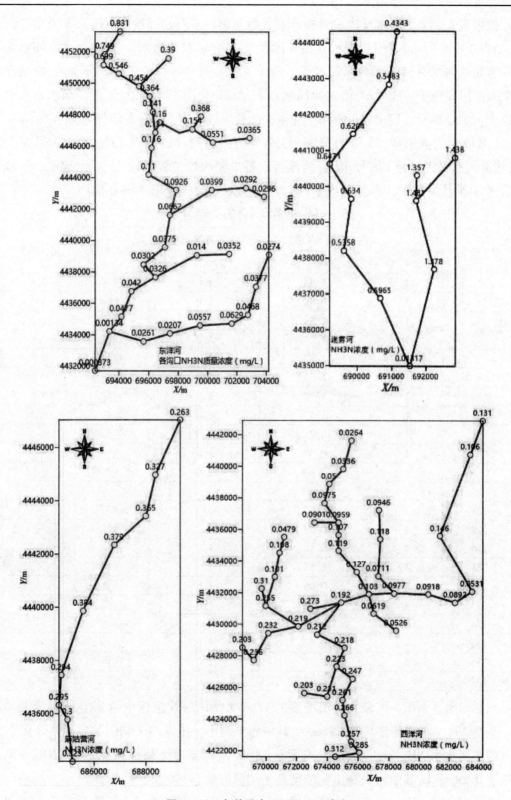

图 4-22 各单元出口 NH_3-N 浓度

根据表 4-12 地表水环境质量标准对各单元出口节点水环境中 NH_3-N 浓度进行评价,如表 4-15 所示,表中 0 表示直接入库单元,1 表示东洋河水系,2 表示迷雾河水系,3 表示麻姑营河水系,4 表示西洋河水系。西洋河水系入库河口位于 178 号单元,麻姑营河水系入库河口位于 163 号单元,迷雾河水系入库河口位于 175 号单元,东洋河水系入库河口位于 188 号单元。表中单元带星号(*)表示沟口所在位置,东洋河水系主要沟口位置,11 号单元为陈家沟,25 号为贾家河,57 号为梁家湾,119 号为勃塘口,165 号为头道沟;迷雾河水系沟口为 128 号单元;西洋河水系主要沟口位置,162 号为干涧河,170 号为兴隆河,168 号为燕河,190 号为冯家沟,205 号为双旺河,189 号为四各庄河。

表 4-15　各单元出口 NH_3-N 评价

单元支沟	水系	NH_3-N 浓度 （mg/L）	水质Ⅲ类标准 （mg/L）	是否超标	超标倍数
1	1	1.45	1.0	超标	0.4
2	1	0.88	1.0	达标	–
3	1	1.39	1.0	超标	0.4
4	1	1.47	1.0	超标	0.5
5	1	1.32	1.0	超标	0.3
6	1	1.05	1.0	超标	0.1
7	1	1.24	1.0	超标	0.2
8	1	1.17	1.0	超标	0.2
9	1	0.71	1.0	达标	–
10	1	0.97	1.0	达标	–
11 *	1	0.69	1.0	达标	–
…	…	…	…	…	…
228	4	0.47	1.0	达标	–
229	4	0.27	1.0	达标	–
230	4	0.48	1.0	达标	–
231	4	0.53	1.0	达标	–
232	4	0.96	1.0	达标	–
233	4	0.58	1.0	达标	–
234	4	0.28	1.0	达标	–
235	4	0.40	1.0	达标	–
236	4	0.58	1.0	达标	–
237	3	0.22	1.0	达标	–

东洋河水系 NH_3-N 最大出流浓度 1.47mg/L,NH_3-N 超标单元 8 个,最大超标 0.5 倍。平均 NH_3-N 出流浓度 0.29mg/L,其中污染物出流浓度高于均值的单元共计 9 个。

西洋河水系 NH_3-N 最大出流浓度 0.58mg/L,流域内无超标情况,平均 NH_3-N 出流浓度 0.29mg/L,其中污染物出流浓度高于均值的单元共计 20 个。

迷雾河水系 NH_3-N 最大出流浓度单元为 92,最大出流浓度值 1.42mg/L,超标 0.5

倍,单元面积 2.34km²。有 4 个单元超标,平均 NH₃-N 出流浓度 0.77mg/L,其中污染物出流浓度高于均值的单元共计 4 个。

麻姑营河水系 NH₃-N 最大出流浓度单元为 107,最大出流浓度值 0.26mg/L,单元面积 9.11km²。没有单元出口超标($NH_3N \leq 1mg/L$),平均 NH₃-N 出流浓度 0.22mg/L,其中污染物出流浓度高于均值的单元共计 4 个。

4. COD

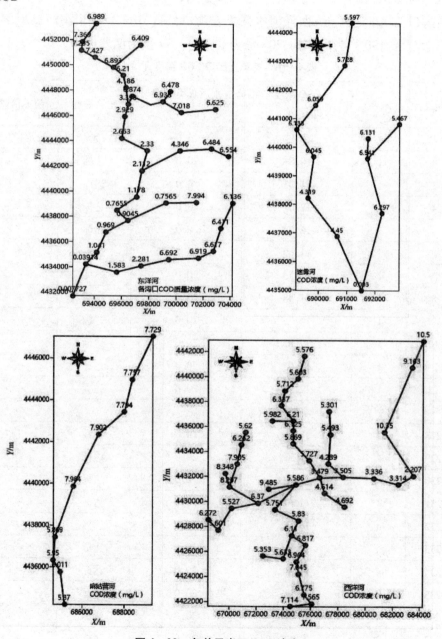

图 4 - 23　各单元出口 COD 浓度

根据表 4 – 12 地表水环境质量标准对各单元出口节点水环境中 COD 浓度进行评价，如表 4 – 16 所示，表中 0 表示直接入库单元，1 表示东洋河水系，2 表示迷雾河水系，3 表示麻姑营河水系，4 表示西洋河水系。西洋河水系入库河口位于 178 号单元，麻姑营河水系入库河口位于 163 号单元，迷雾河水系入库河口位于 175 号单元，东洋河水系入库河口位于 188 号单元。表中单元带星号（*）表示沟口所在位置，东洋河水系主要沟口位置，11 号单元为陈家沟，25 号为贾家河，57 号为梁家湾，119 号为勃塘口，165 号为头道沟；迷雾河水系沟口为 128 号单元；西洋河水系主要沟口位置，162 号为干涧河，170 号为兴隆河，168 号为燕河，190 号为冯家沟，205 号为双旺河，189 号为四各庄河。

表 4 – 16　各单元出口 COD 浓度评价

单元支沟	水系	COD 浓度（mg/L）	水质Ⅲ类标准（mg/L）	是否超标	超标倍数
1	1	9.93	20.0	达标	–
2	1	10.81	20.0	达标	–
3	1	11.31	20.0	达标	–
4	1	12.07	20.0	达标	–
5	1	12.73	20.0	达标	–
6	1	11.69	20.0	达标	–
7	1	12.53	20.0	达标	–
8	1	11.48	20.0	达标	–
9	1	14.75	20.0	达标	–
10	1	12.83	20.0	达标	–
11 *	1	11.07	20.0	达标	–
12	1	12.90	20.0	达标	–
…	…	…	…	…	…
228	4	10.69	20.0	达标	–
229	4	8.30	20.0	达标	–
230	4	10.41	20.0	达标	–
231	4	11.63	20.0	达标	–
232	4	14.06	20.0	达标	–
233	4	10.93	20.0	达标	–
234	4	11.14	20.0	达标	–
235	4	9.78	20.0	达标	–
236	4	10.56	20.0	达标	–
237	3	6.09	20.0	达标	–

东洋河水系 COD 浓度最大单元为 95,单元面积 1.17km²,最大出流浓度 13.81mg/L。未超过标准值。平均出流浓度 7.94mg/L,根据《地表水环境质量标准》Ⅲ 类(COD ≤ 20mg/L),东洋河水系 COD 各单元出口处无污染超标情况。

西洋河水系 COD 浓度最大单元为 59 号,单元面积 1.39km²,最大出流浓度 16.13mg/L。平均出流浓度 9.42mg/L,根据《地表水环境质量标准》Ⅲ 类,流域各单元出口处无污染超标情况。

迷雾河水系 COD 浓度最大单元为 92,单元面积 2.34km²,最大出流浓度 6.07mg/L。平均出流浓度 4.86mg/L,根据《地表水环境质量标准》Ⅲ 类,流域各单元出口处无污染超标情况。

麻姑营河水系 COD 出流浓度最大单元为 107,单元面积 9.11km²,最大出流浓度 6.27mg/L。平均出流浓度 5.48mg/L,根据《地表水环境质量标准》Ⅲ 类,流域各单元出口处无污染超标情况。

总的来看 COD 各水系、单元、单元出口处无超标情况,属非控制性指标。

表 4-17　现状条件下各水系污染物超标统计表

水系	单元总数	主要沟口	单元	TN		TP		COD		NH₃-N	
				达标单元	超标单元	达标单元	超标单元	达标单元	超标单元	达标单元	超标单元
东洋河	83	陈家沟	4	0	4	2	2	4	0	3	1
		贾家河	15	0	15	15	0	15	0	15	0
		梁家湾	7	0	7	7	0	7	0	7	0
		勃塘口	10	1	9	10	0	10	0	10	0
		头道河	17	1	16	17	0	17	0	17	0
西洋河	95	干涧河	8	0	8	7	1	7	1	7	1
		兴隆河	7	0	7	1	6	7	0	7	0
		燕河	21	0	21	7	14	21	0	21	0
		冯家沟	11	0	11	2	9	11	0	11	0
		双旺河	24	0	24	1	23	24	0	24	0
		四各庄河	9	0	9	0	9	9	0	9	0
迷雾河	27	迷雾河	10	0	10	1	9	10	0	4	6
麻姑营河	21	麻姑营河	—	0	21	21	0	21	0	21	0

通过计算可知本流域的主要污染物为 TN,洋河水库流域共有 237 个单元,只有 4 个

单元达到《地表水环境质量标准》Ⅲ类要求,4个单元均位于东洋河水系,其中一个位于勃塘口,一个位于头道河,最大超标单元4号位于东洋河,最大超标倍数79.4倍,TN为流域的主要污染物,是治理的关键。其次是TP有134个单元达到《地表水环境质量标准》Ⅲ类要求,有103个单元超标,最大超标单元142号位于西洋河,最大超标倍数5.8倍。COD与NH_3-N现状情况下基本全部达标。因此能够有效控制TN与TP的排放量与入河量,将对洋河水库流域水质有重大的改善。

(三)污染物年内变化趋势

根据每个月的降雨数据以及污染物量,利用污染物迁移扩散模型计算了污染物年内变化趋势,以东洋河水系及西洋河水系入库口水质变化计算结果进行说明。东洋河水系入库口污染物年内浓度变化趋势如图4-24、图4-25所示。西洋河水系入库口污染物年内浓度变化趋势如图4-26、图4-27所示。

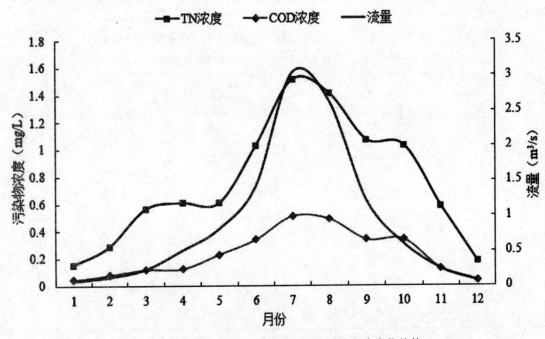

图4-24 东洋河水系入库口TN、COD浓度年内变化趋势

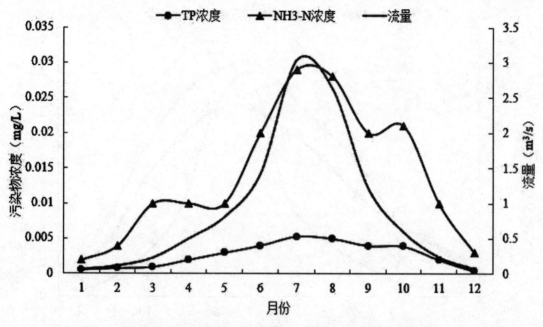

图 4 – 25 东洋河水系入库口 TP、NH3 – N 浓度年内变化趋势

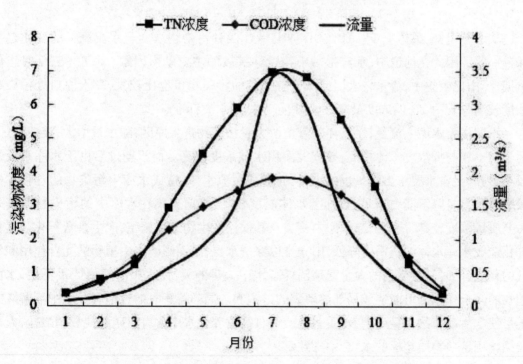

图 4 – 26 西洋河水系入库口 TN、COD 浓度年内变化趋势

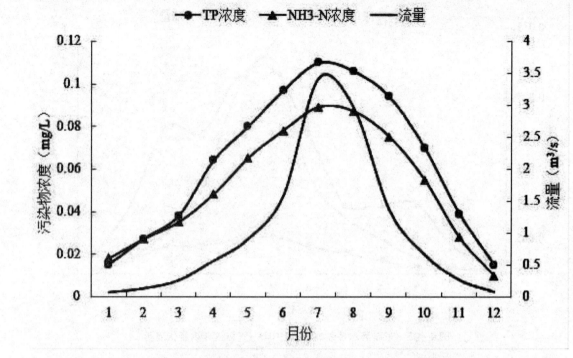

图4-27 西洋河水系入库口 TP、NH₃-N 浓度年内变化趋势

从上图可知,整体上 TN、TP、COD、NH3-N 四种污染物浓度与水流流量的变化趋势保持一致。因此在河道中,水流是污染物迁移扩散的主要动力因素。6、7、8 三个月正值汛期,降雨比较集中,流量较大因此从上游携带的污染物量也比较大,在入库口处污染物浓度较高。其中 TN 的浓度最高,远远超过了饮用水质标准。

汛期洋河水库入流量较大,伴随着上游大量污染物进入库区,随水量增大,流速增加,污染物迅速与低浓度水体掺混,导致大面积水域浓度较高。而汛期过后由于水库来流量较小,为满足蓄水要求出流量也减小,从而形成缓流水体,造成水库中污染物的迁移扩散较缓慢及自身降解能力不足,再加上水体温度较高,之前聚集在水库中的污染物尤其是 N、P 质量浓度较高,从而引起水库中藻类及其他浮游生物迅速繁殖,产生富营养化。富营养化造成水库水体的透明度降低,阳光难以穿透水层,从而影响水中植物的光合作用和氧气的释放,同时浮游生物的大量繁殖消耗了水中大量的氧,使水中溶解氧严重不足,水面植物的光合作用则可能造成局部溶解氧的过饱和。局部溶解氧的过饱和及水中溶解氧的不足使水生动植物大量死亡,水质恶化。而且富营养化水中含有亚硝酸盐和硝酸盐,人畜长期饮用这些物质超标的水,会中毒致病。

三、洋河水库流域各单元及沟口处纳污能力计算

根据公式 3-12 得到各单元出口及沟口处 TN、TP、COD、NH₃-N 这 4 种污染物的纳污能力,沟口为干流水系流与支流的交汇处。计算结果如表 4-18、4-19 及图 4-28~图4-31 所示。

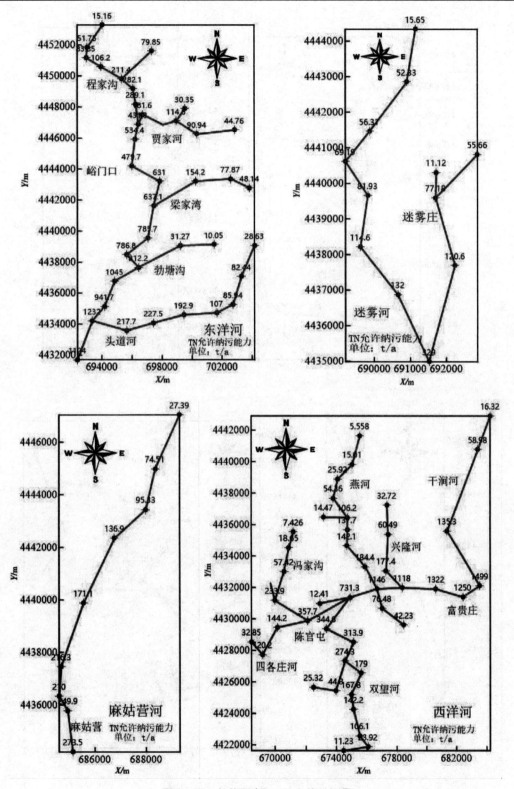

图4-28 各单元出口TN允许纳污量

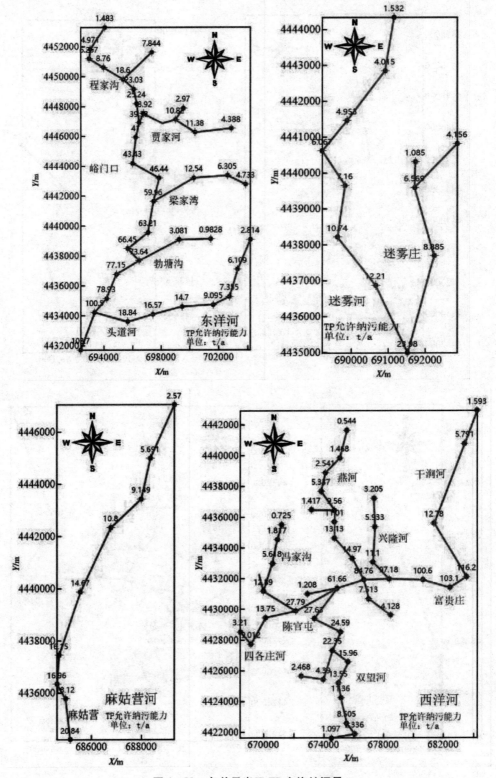

图 4-29　各单元出口 TP 允许纳污量

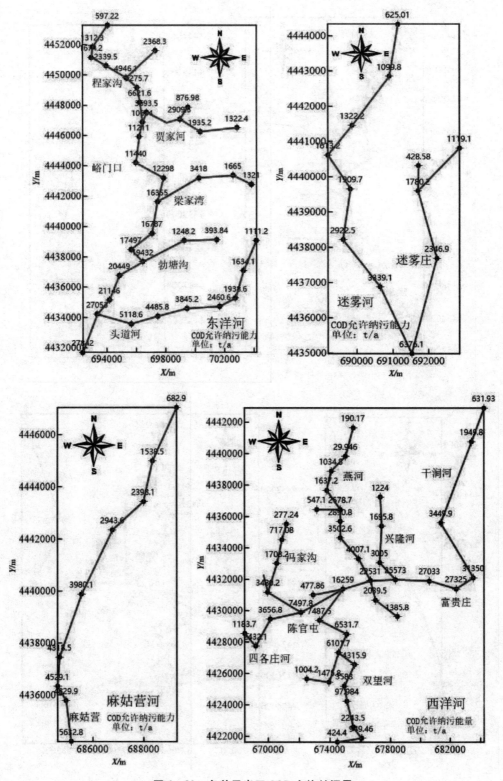

图 4 - 30　各单元出口 COD 允许纳污量

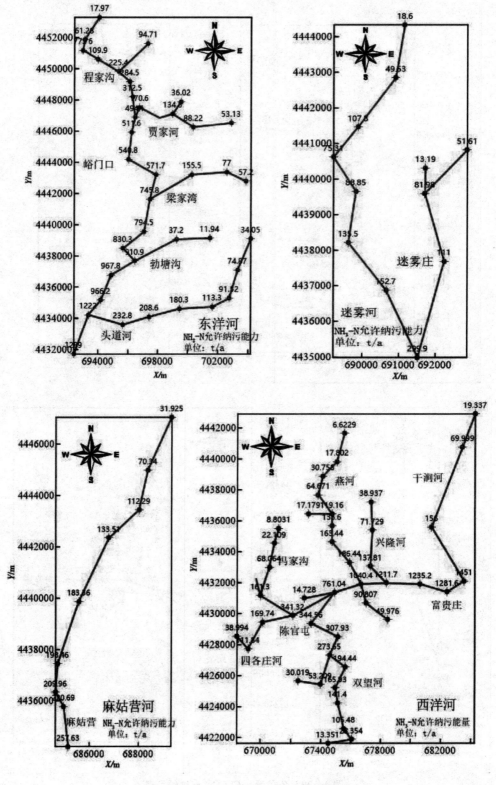

图 4 – 31　各单元出口 NH₃ – N 允许纳污量

东洋河水系允许容纳污染物 TN、TP、COD、NH_3-N 最大单元为 108 号单元,允许纳污量分别为 1045.42 t/a,77.15 t/a,20449.19 t/a,967.85 t/a,90% 降雨保证率下,单元年出流水量 2122.89 万 m^3,流量 $0.673m^3/s$,单元河段拥有较大的流量及水体体积;同时单元汇流等级较高,达 17 级,汇入河流共有三条,支流汇入流量较大,年入流水量达 2051.03 万 m^3,单元拥有较好的水环境容量。

西洋河水系水环境容量 TN、TP、COD、NH_3-N 最大单元为 169 号单元,单元水环境容量分别为 1494t/a,81t/a、1623t/a、46695t/a。90% 降雨保证率下,单元年出流水量 2319.74 万 m^3,拥有较大的流量及水体体积;同时单元汇入河流共有三条,支流汇入流量较大,年入流水量达 2309.94 万 m^3,因此单元拥有较好的水环境容量。

迷雾河水系水环境容量 TN、TP、COD、NH_3-N 最大单元为 129 号单元,单元水域纳污能力分别为 1145.63 t/a,84.76 t/a,22531.11 t/a,1040.40 t/a。90% 降雨保证率下,单元年出流水量 334.96 万 m^3,在该水系中拥有较大的流量;同时 129 单元汇流等级为 8 级,拥有较高的支流汇入流量,年入流水量 313.81 万 m^3,极大地提高了该单元的水域纳污能力。

麻姑营河水系水环境容量 TN、TP、COD、NH_3-N 最大单元为 163 号单元,单元水域纳污能力分别为 273.48 t/a,20.84 t/a,5632.82 t/a,257.63 t/a。90% 降雨保证率下,单元年出流水量 571.66 万 m^3,在该水系中拥有较大的流量;单元汇流等级为 10 级,拥有较大的支流汇入水量,年入流水量 529.02 万 m^3,使得单元拥有较高的水环境容量。

表 4-18　各单元纳污能力计算结果

单元	水系	纳污能力(t/a)			
		TN	TP	COD	NH_3-N
1	1	1.63	0.16	47.83	1.95
2	1	1.25	0.12	36.77	1.50
3	1	2.60	0.26	76.58	3.11
4	1	15.16	1.48	597.22	17.97
5	1	51.75	4.97	1312.26	61.28
6	1	1.77	0.18	52.07	2.12
7	1	83.85	6.26	1674.19	77.76
8	1	2.82	0.28	82.96	3.37
9	1	1.38	0.14	40.54	1.65
10	1	106.24	8.76	2339.52	109.88
11 *	1	79.85	7.84	2368.27	94.71
12	1	2.28	0.23	67.17	2.73
13	1	3.32	0.33	97.72	3.97

单元	水系	纳污能力(t/a)			
		TN	TP	COD	NH₃ - N
14	1	211.38	18.60	4946.15	225.40
15	1	282.14	23.03	6275.72	284.52
16	1	0.96	0.10	28.34	1.15
17	3	1.00	0.10	29.34	1.19
18	3	1.20	0.12	35.25	1.43
19	1	289.14	25.24	6621.63	312.52
20	1	1.59	0.16	46.70	1.90
21	1	30.35	2.97	876.98	36.02
22	1	1.39	0.14	40.94	1.67
23	1	2.13	0.21	62.77	2.55
24	1	4.31	0.43	126.74	5.15
25 *	1	181.60	13.92	3693.46	170.57
26	1	44.76	4.39	1322.42	53.13
27	1	2.68	0.26	78.75	3.20
28	1	6.31	0.62	185.51	7.54
29	1	1.34	0.13	39.39	1.60
30	1	431.29	39.38	10604.19	494.09
82	2	55.66	4.16	1119.05	51.61
83	4	1.02	0.10	29.95	1.22
84	2	1.02	0.10	30.10	1.22
85	2	69.19	6.07	1613.23	75.31
86	1	1.15	0.11	33.81	1.37
87	4	1.19	0.12	35.13	1.43
88	4	15.01	1.47	586.09	17.80
89	2	114.61	10.74	2922.49	135.54
90	2	81.93	7.16	1909.69	88.85
91	2	1.41	0.14	41.47	1.69
92	2	77.18	6.57	1780.20	81.98
93	1	4.15	0.41	121.91	4.96
94	1	785.69	63.21	16786.63	794.47
95	1	10.05	0.98	393.84	11.94
96	1	1.42	0.14	41.75	1.70

单元	水系	纳污能力(t/a)			
		TN	TP	COD	NH₃－N
97	4	58.98	5.79	1949.76	70.00
98	2	1.15	0.11	33.80	1.37
99	4	3.42	0.34	100.58	4.09
100	2	1.88	0.19	55.42	2.25
101	2	1.51	0.15	44.38	1.80
102	1	786.82	66.45	17496.73	830.29
185	1	2.83	0.28	83.24	3.39
186	4	1.69	0.17	49.70	2.02
187	0	1.58	0.16	46.56	1.89
188	1	1124.46	103.72	27841.62	1288.72
189*	4	144.16	13.75	3656.76	169.74
190*	4	233.94	12.89	3480.20	161.30
191	4	731.26	61.66	16259.46	761.04
192	4	1249.84	103.10	27325.17	1281.62
193	4	1117.66	97.18	25573.00	1211.66
194	4	1.08	0.11	31.90	1.30
195	0	1.25	0.12	36.84	1.50
196	0	0.97	0.10	28.44	1.16
197	4	7.04	0.70	207.07	8.42
198	4	1.27	0.13	37.28	1.52
199	0	1.70	0.17	49.98	2.03
231	4	23.92	2.34	949.46	28.35
232	4	1.04	0.10	30.58	1.24
233	4	11.23	1.10	424.40	13.35
234	4	1.62	0.16	47.65	1.94
235	4	2.30	0.23	67.52	2.75
236	4	5.25	0.52	154.42	6.28
237	3	74.51	5.69	1538.50	70.34

表中 0 表示直接入库单元,1 表示东洋河水系,2 表示迷雾河水系,3 表示麻姑营河水系,4 表示西洋河水系。西洋河水系入库河口位于 178 号单元,麻姑营河水系入库河口位于 163 号单元,迷雾河水系入库河口位于 175 号单元,东洋河水系入库河口位于 188 号单元。表中单元带星号(＊)表示沟口所在位置,东洋河水系主要沟口位置,11 号单元为陈

家沟,25 号为贾家河,57 号为梁家湾,119 号为勃塘口,165 号为头道沟;迷雾河水系沟口位置为 128 号单元;西洋河水系主要沟口位置,162 号为干涧河,170 号为兴隆河,168 号为燕河,190 号为冯家沟,205 号为双旺河,189 号为四各庄河,麻姑营河水系只有入库河口。

表4-19 各沟口纳污能力计算结果(现状)

沟口	水系	纳污能力(t/a)			
		TN	TP	COD	NH₃_N
陈家沟	东洋河	79.85	7.84	2368.27	94.71
贾家河	东洋河	181.60	13.92	3693.46	170.57
梁家湾	东洋河	154.16	12.54	3418.03	155.47
勃塘口	东洋河	812.24	73.64	19431.81	910.94
头道河	东洋河	217.74	18.84	5118.59	232.80
迷雾河	迷雾河	120.55	8.89	2346.89	110.98
干涧河	西洋河	135.28	12.78	3449.94	156.00
兴隆河	西洋河	177.37	11.10	3004.95	137.81
燕河	西洋河	184.37	14.97	4007.08	186.44
冯家沟	西洋河	233.94	12.89	3480.20	161.30
双旺河	西洋河	344.56	27.63	7487.51	344.56
四各庄河	西洋河	144.16	13.75	3656.76	169.74
麻姑营河	麻姑营河水系	278.5	20.84	5632.8	257.63

四、各单元(沟口)污染现状评价

综合考虑各单元水质情况以及各单元水域纳污能力,对现状下各单元污染现状进行评价。表4-20为各单元污染物目标消减量。表中0表示直接入库单元,1表示东洋河水系,2表示迷雾河水系,3表示麻姑营河水系,4表示西洋河水系。西洋河水系入库河口位于178号单元,麻姑营河水系入库河口位于163号单元,迷雾河水系入库河口位于175号单元,东洋河水系入库河口位于188号单元。表中单元带星号(*)表示沟口所在位置,东洋河水系主要沟口位置,11号单元为陈家沟,25号为贾家河,57号为梁家湾,119号为勃塘口,165号为头道沟;迷雾河水系沟口为128号单元;西洋河水系主要沟口位置,162号为干涧河,170号为兴隆河,168号为燕河,190号为冯家沟,205号为双旺河,189号为四各庄河,麻姑营河水系只有入库河口。

表4-20 各单元污染物目标消减量

单元	水系	染物目标消减量(kg)			
		TN	TP	COD	NH₃_N
1	1	12119.22	26.58	0.00	80.59
2	1	5439.87	9.83	0.00	0.00

单元	水系	染物目标消减量(kg)			
		TN	TP	COD	NH$_3$_N
3	1	17947.93	38.50	0.00	104.43
4	1	29672.47	53.81	0.00	150.08
5	1	42170.55	47.14	0.00	13.43
6	1	9187.86	17.93	0.00	19.99
7	1	38838.54	23.54	0.00	0.00
8	1	16333.91	33.20	0.00	60.54
9	1	4808.17	7.42	0.00	0.00
10	1	34012.47	0.00	0.00	0.00
11 *	1	44749.62	36.17	0.00	0.00
12	1	14223.27	29.68	0.00	68.97
13	1	4305.82	0.00	0.00	0.00
14	1	62098.89	0.00	0.00	0.00
15	1	53562.19	0.00	0.00	0.00
16	1	5334.96	10.59	0.00	16.54
17	3	1861.71	11.63	0.00	0.00
18	3	2836.48	21.69	0.00	0.00
19	1	46565.74	0.00	0.00	0.00
20	1	1415.25	0.00	0.00	0.00
21	1	14917.99	9.16	0.00	0.00
22	1	256.24	0.00	0.00	0.00
23	1	3852.93	2.09	0.00	0.00
24	1	12809.63	17.69	0.00	0.00
25 *	1	12786.98	0.00	0.00	0.00
26	1	1747.54	0.00	0.00	0.00
27	1	5047.61	2.95	0.00	0.00
28	1	5218.43	0.00	0.00	0.00
29	1	818.53	0.00	0.00	0.00
…	…	…	…	…	…
205 *	4	42820.93	216.24	0.00	0.00
206	4	17587.78	209.17	0.00	0.00
207	4	42684.71	225.56	0.00	0.00
208	4	1452.05	18.78	0.00	0.00

单元	水系	染物目标消减量（kg）			
		TN	TP	COD	NH_3_N
209	4	4360.57	67.07	0.00	0.00
210	4	9728.14	143.88	0.00	0.00
211	4	41116.67	476.66	0.00	0.00
212	4	43766.14	254.47	0.00	0.00
213	4	10705.80	171.79	0.00	0.00
214	4	17989.47	286.61	0.00	0.00
215	4	32484.20	201.42	0.00	0.00
216	4	5259.93	81.32	0.00	0.00
217	4	15840.43	206.92	0.00	0.00
218	4	32084.58	245.52	0.00	0.00
219	4	4819.42	53.50	0.00	0.00
220	4	22305.29	252.46	0.00	0.00
221	4	7791.06	123.49	0.00	0.00
222	4	33079.58	310.67	0.00	0.00
223	4	8633.44	136.83	0.00	0.00
224	4	4551.27	72.08	0.00	0.00
225	4	4648.31	78.55	0.00	0.00
226	4	35798.14	572.54	0.00	0.00
227	4	2744.99	37.45	0.00	0.00
228	4	6790.85	107.48	0.00	0.00
229	4	6383.27	95.77	0.00	0.00
230	4	28841.77	311.82	0.00	0.00
231	4	15982.94	200.04	0.00	0.00
232	4	5638.28	94.21	0.00	0.00
233	4	14375.92	209.57	0.00	0.00
234	4	2351.23	35.92	0.00	0.00
235	4	5501.47	84.58	0.00	0.00
236	4	18227.73	294.68	0.00	0.00
237	3	15856.22	82.02	0.00	0.00

从表 4 – 20 可以看出,各单元 TN 污染物需要消减的量最大,TP 部分单元需要消减,COD 和 NH_3_N 基本无须消减。与第二章第二节调查结果基本吻合,说明 TN 是洋河水库流域最主要的污染物,对当地水环境质量有极大的影响,因此采取措施进行消减 TN 的

量,将会对洋河水库流域水质有极大的改善。

结合表 4 – 13～表 4 – 16 各单元及节点水质评价表以及水域纳污能力对现状条件下各单元的水环境质量进行评价,主要依据:①有一个指标不满足《地表水环境质量标准》Ⅲ类要求,即判定未达标;②允许纳污能力计算值与允许值比较:小于允许值——现状生态水环境质量良好;等于或略大于允许值(控制在 10% 以内)——现状生态水环境质量基本可控;远大于允许值,且各节点、单元具有普遍性——现状生态水环境质量较差。评价如表 4 – 21 所示。

表 4 – 21　各单元水质及水环境质量评价表

评价指标	单元	评价及治理措施
水质达标且污染物含量未超过允许纳污量	115、164、175、188	水环境状况良好,需维持现状。
水质未达标且污染物含量超过允许纳污量	超标最严重的单元(前 10 单元)4、12、28、24、56、71、99、128、166、226	水质较差,需要采取污染源头治理、河道整治以及末端治理等一系列工程措施。

通过综合分析比较 TN、TP、COD、NH$_3$ – N 四种污染元素的各单元的产生量以及各单元四种元素的允许纳污量可知,只有 4 个单元水质指标达到《地表水环境质量标准》Ⅲ类要求,且允许纳污量大于污染物产生量,其中 115 号单元位于东洋河水系下游处,单元面积 6.9km^2,流域内村庄为张各庄村,且无明显支流汇入;164 号单元位于东洋河水系入库口附近,单元面积 5.3km^2,单元内村庄有南寨村、胡各庄村;175 号单元位于迷雾河入库口处,单元面积 7.9km^2,单元内村庄包含巨各庄村、迷雾村、野各庄村、北台庄村;188 号单元位于东洋河入库口,单元面积 5.5km^2,流域内村庄为战马王村,无明显支流。流域中达标单元占单元总数的 1.6%,无须采取治理措施,只需要维持现状即可。其余单元四种指标均不满足《地表水环境质量标准》Ⅲ类要求,且允许纳污量计算值小于允许值,说明污染具有普遍性,因此对于这些超标单元需要采取相应的措施进行治理。

第五章 水源地生态保护规划与实施方案

第一节 污染物源头治理目标

洋河水库作为秦皇岛市重要的水源地之一,其上游地区环境质量对洋河水库水质有着显著的影响,因此改善上游环境质量,控制源头污染物的产生、排放、入河对洋河水库用水安全尤为重要。洋河水库上游地区主要是农村,根据 2014 年国务院发布了《国务院办公厅关于改善农村人居环境的指导意见》,以邓小平理论、"三个代表"重要思想、科学发展观为指导,深入学习领会党的十八大和十八届二中、三中全会精神,贯彻落实党中央和国务院的各项决策部署,按照全面建成小康社会和建设社会主义新农村的总体要求,以保障农民基本生活条件为底线,以村庄环境整治为重点,以建设宜居村庄为导向,从实际出发,循序渐进,通过长期艰苦努力,全面改善农村生产生活条件。按照"保持田园风光、增加现代设施、绿化村落庭院、传承优秀文化"的要求,以保障基本生活条件、加快农村环境综合整治、推进宜居乡村建设为重点,以开展农村面貌改造提升行动为抓手,加快打造"环境整洁、设施配套、田园风光、舒适宜居"的现代农村。

根据《国务院办公厅关于改善农村人居环境的指导意见》,河北省人民政府办公厅做出了具体实施意见。

(1)实施村庄环境整治工程。不断提升"美丽庭院"创建活动水平,坚持"四清"(清垃圾、清杂物、清残垣断壁、清庭院)工作常抓不懈,村庄周边无垃圾积存,街头巷尾干净通畅,房前屋后整齐清洁。以"农村清洁工程"为推手,开展"一站三池"建设,形成以物业化综合管理为核心的运营模式。推行垃圾分类收集,合理布局填埋场和处理设施,实行"就地分拣、综合利用、无害化处理"。建立农村公共卫生管护机制,逐村配备保洁维护人员,原则上每 100 户设 1 名保洁员,保障保洁员待遇,加强对村街、道路、广场公共设施的综合管护。建立城乡一体化垃圾处理机制,推广"户分类、村收集、乡(镇)转运、县(市、区)处理(或专业公司转运处理)"的垃圾处理模式,不具备城乡一体化垃圾处理的村庄,因地制宜采取减量化就地填埋处理、资源化利用型垃圾处理、垃圾焚烧处理等处理模式。推进规模化畜禽养殖区和居民生活区的科学分离,引导畜禽规模化养殖向丘陵、滩涂、废弃地等合理布局,支持规模化养殖场畜禽粪污综合治理与利用。2020 年达到 80% 以上,重点区域生活垃圾处理率达到 90% 以上。

（2）实施农村污水处理工程。根据村镇所处区位、人口规模、聚集程度、地形地貌、地质特点、气候、排水特点、排放要求和经济水平等,采取集中和分散相结合的方式,加强村庄生活污水处理设施建设。靠近城区、镇区且满足城镇污水收集管网接入要求的村庄,污水优先纳入城区、镇区污水收集处理系统;人口规模较大、聚集程度较高、经济条件较好的村庄,通过铺设污水管道集中收集生活污水,采用生态处理、常规生物处理等无动力或微动力处理技术进行处理;人口规模较小,居住较为分散,地形地貌复杂的村庄,可采用单户或多户分散处理方式。试点推进区域水环境治理工作,选择经济实力较强、水资源相对匮乏的县(市)为试点,聘请高水平规划设计单位,以农村生活污水处理为重点制定县域水环境治理规划,打破农村污水处理设施各自为战的局面。到 2022 年达到 70% 以上,主要河流沿岸和地处水源保护地、自然保护区等环境敏感区域的村庄全部完成污水处理项目建设。

流域污染治理目标依照国务院印发《水污染防治行动计划》,生态环境部《水十条》,《畜禽养殖业污染物排放标准》(GB18596 – 2001),《农业农村污染治理攻坚战行动计划》等以及《河北省水污染防治工作方案》相关要求,结合《河北省人民政府办公厅关于改善农村人居环境的实施意见》相关指示,以污染物为对象,完成制定洋河水库流域污染治理目标细则,如下表 5 – 1 所示。

表 5 – 1　洋河水库流域污染治理目标细则

污染源	近期目标(2022 年)	长期目标(2030 年)
农村生活污水	到 2022 年为止,农村生活污水处理率达到 70% 以上	农村生活污水处理率达到 90% 以上
固体废弃物	2022 年,县(市)行政区域垃圾处理率达到 80% 以上,重点区域生活垃圾处理率达到 90% 以上	2030 年,县(市)行政区域垃圾处理率达 90% 以上,重点区域生活垃圾做到全收集,处理率 100%
化肥农药	到 2022 年,测土配方施肥技术推广覆盖率达到 90% 以上,化肥利用率提高到 40% 以上,农作物病虫害统防统治覆盖率达到 40% 以上	实现库区流域内测土配方施肥技术全覆盖,化肥利用率提高到 60%,农作物病虫害统防统治覆盖率达到 80% 以上
禽畜养殖	到 2022 年,流域内所有规模化禽畜养殖场(小区)全部配套建设污水贮存、处理、利用设施,逾期或无法实现改造的养殖场全部取缔;散养密集区要实行禽畜粪便污水分户收集、集中处理利用	维护并不断完善禽畜养殖污染治理项目工程,保证禽畜养殖污染物收集率达到 90% 以上

污染源	近期目标(2022 年)	长期目标(2030 年)
水土流失	2022 年底前对洋河水库库区土质陡坡、土坎等易坍塌部位采用工程措施加以防护,重点对坝上地区严重沙化耕地及 25 度以上陡坡耕地实施退耕还林工程	进一步加大退耕还林、还草、还湿力度,重点区域水土保持、水源涵养、重要淖泊退耕还湿等工程全部建成
城镇地表径流	到 2022 年,建成区水体水质达不到地表水Ⅳ类标准的城市,新建城镇污水处理设施要执行一级 A 排放标准。所有县城和重点镇具备污水收集处理能力,县城、城市污水处理率分别达到 85%、95% 左右	城镇集中式饮用水水源水质达到或优于Ⅲ类比例总体达到 100%

第二节　源头控污及生态环境保护措施

一、生活污水处理措施

针对洋河水库上游流域村庄分布的特点以及污水产生量,确定生活污水生态化处理工程包括以下几部分:①旱厕改水厕,村民住户产生的洗涤废水等作为水厕冲洗用水,随粪尿进入户用化粪池;②管网收集系统,化粪池出水接入村内管网;③污水处理站,村内管网出水进入污水处理站处理后排放。

1. 旱厕改水厕

农村简易旱厕带来环境污染、传染病多发、村庄容貌差等问题,影响农村生活条件改善和农民生活质量提高。在无条件建设污水管网的平房村实施无害化卫生旱厕改造能够极大改善农村环境面貌和农民生活条件,加快推进生态文明乡村建设。有利于保障人民健康。通过改厕,粪便经无害化处理,杀灭细菌、病毒、寄生虫卵。用于施田、浇菜或排放时,不至于造成污染、传播疾病,保障了人民健康。

农村家庭常用水厕主要由储水罐、便盆、化粪池等几部分组成,其中化粪池是储存粪便、消解部分污染物的主要组成部分。考虑清洁农村建设、生态环境保护建设的长期性,选用三格玻璃钢化粪池,容积 $2m^3$,清掏周期为 10 个月。旱厕改水厕工程布置数量如表 5-2 所示。

表5-2　旱厕改水厕工程布置数量

水系名称	村庄(个)	服务人口(万)	旱厕改水厕(座)
东洋河水系	45	3.2	10659
西洋河水系	117	8.9	29575
迷雾河水系	35	2.3	7680
麻姑营河水系	18	1.1	3747
合计	215	15.5	51661

2. 管网收集系统

为收集生活污水,村内建设污水排水管网,将每户的生活污水(洗涤池污水和化粪池出水)输送至污水处理站,其管网由户内管、接户管、支管和干管组成,管材选用 U-PVC 双壁波纹管排水管,管材环刚度 8 kN/m^2。

洗涤池排水管采用 De110、化粪池出水采用 De160、胡同内支管采用 De200、街道主干管采用 De315。在管道转弯、支管接入、坡度变化及直线段超过 40m 的位置设置检查井。排水管网主要工程量见表 5-3。

表5-3　洋河水库流域农村污水管网主要工程量统计表

水系	De110U-PVC 排水塑料管(m)	De160U-PVC 排水塑料管(m)	De200U-PVC 排水塑料管(m)	De315U-PVC 排水塑料管(m)	污水排水检查井(座)
东洋河	119913.8	59956.9	71948.3	31977.0	8794
西洋河	332730.0	166365.0	221820.0	88728.0	24400
迷雾河	86400.0	43200.0	57600.0	23040.0	6336
麻姑营河	42153.8	21076.9	28102.5	11241.0	3091

3. 污水处理站典型布置方式

对地势平缓的村庄,全村铺设统一污水管网,污水收集后通过污水处理设备集中处理;对于分布相对集中的村庄采取多村共用一个处理站,统一处理。如图 5-1(a)所示。

有些农村住户分散,相互之间距离远,而且往往地势高低错落,沟渠、桥路等横穿村落,或者有些村庄规模较大,但住户较分散,将这些各自汇集流淌的污水收集到一起集中处理,难度很大,甚至需要采取污水提升设备,投资较大,这对相对落后的农村来说,很不现实。为节约投资,可根据各个村居住密度、地势坡度、沟渠路桥位置等,将每个村划分为大小不同的区域,每个区域内铺设局部污水管网,采取小型污水处理设备(设施),各自收集污水,各自处理,各自回用或排放。这种方式即可节省投资,又能有效解决农村污水治理问题。如图 5-1(b)所示。

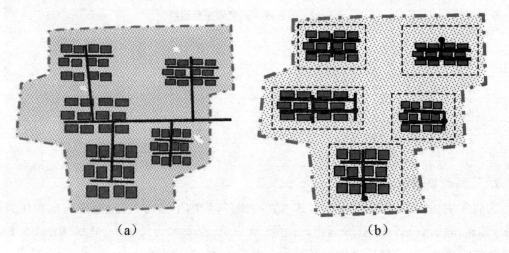

（a）　　　　　　　　　　　（b）

图 5-1　设备（设施）典型布置示意图

采用设备（设施）对污水进行治理,作为农村污水治理的主要方式,治理效率高、占地少、处理彻底、出水水质标准高,水质稳定性好,可以有效解决农村水环境污染问题。

4. 污水处理工艺选择

农村污水处理工艺技术的选择,首先要适应污水水质、出水要求、污水处置方法以及当地温度、工程地质、环境等条件,然后综合考虑工艺的可靠性、成熟性、适用性、去除污染物的效率、投资省、运行管理简单、运行费用低等多种因素。主要考虑以下五点。

(1)选址合理,适应环境。总平面布置力求流程顺畅,紧凑合理,能够充分利用当地废弃坑塘、沟渠等乱掘地,并考虑防洪、预留远期处理用地。

(2)系统耐冲击负荷能力强。由于生活污水时变化系数较大,所以要求系统有较强的耐冲击负荷能力,可靠性强。

(3)运行维护简单方便。由于农村没有专业的操作人员,所以要求处理系统的维护工作少而简单,不需要专业人员进行维护。

(4)经济节能,方便资源开发利用。农村污水治理应与利用相结合,充分考虑节水和水资源的合理配置,倡导资源的综合利用,提高用水效率、促进水资源可持续利用。

(5)处理工艺成熟,去污能力强,出水水质的排放标准应满足农田灌溉水质标准,见表 5-4。

表 5-4　污水处理站出水水质标准

指标	BOD5 （mg/l）	CODcr （mg/l）	SS （mg/l）	$NH^{4+}-N$ （mg/l）	TN （mg/l）	TP （mg/l）
进水控制指标	≤230	≤300	≤180	–	–	–
出水控制指标	≤100	≤200	≤100	–	–	–

农村污水处理技术的选用必须综合考虑当地的社会经济发展水平及其处理后的用

途。农村地区生活污水主要含有各种有机污染物以及病原菌等污染物,再生水主要用于各类作(植)物的灌溉用水、景观或环境用水等方面。在农村实施生活污水处理后排放,是创建文明农村建设,进一步构建清洁流域的一项基础性工作,采取因地制宜、因势利导的方式是稳步推进的前提条件;预计到2022年农村生活污水处理率达到70%,2030年农村生活污水处理率达到90%以上。

二、固体废弃物处置措施

生活垃圾处理:针对村庄分布的特点以及生活垃圾产生量,确定生活垃圾处理工程包括以下几部分:①村收集,村内摆放公共垃圾桶;②垃圾运输车将各个村庄收集的垃圾及时清运至生活垃圾无害化工厂进行分类处理和处置。

秸秆废弃物处理:秸秆废弃物为辅料,生产生物有机肥。

建立"村收集、镇转运、县处理"的模式,有效治理农业生产生活垃圾、建筑垃圾、农村工业垃圾等。到2022年流域内所有村庄的生活垃圾得到有效治理,实现"有齐全的设施设备、有成熟的治理技术、有稳定的保洁队伍、有长效的资金保障、有完善的监管制度";农作物秸秆综合利用率达到80%以上,农膜回收率达到80%以上;农村地区工业危险废物无害化利用处置率达到90%。到2030年,县(市)行政区域垃圾处理率达90%以上,重点区域生活垃圾做到全收集,处理率100%。

三、禽畜养殖粪尿处理措施

1. 禽畜养殖场种类、规模及粪尿产生情况

东洋河水系养殖场数量相对较少,规模较小,以养猪和养鸡为主;西洋河水系面积大,养殖场分布广,以养猪、养鸡、养牛和养羊为主;迷雾河水系以养猪和养鸡为主;麻姑营河水系以养猪和养鸡为主。养殖场种类、规模及粪尿产生情况如表5-5所示。

表5-5　养殖场种类、规模及粪尿产生情况表

水系	养殖场类型	规模养殖场数量	粪尿产生量(kg/d)
东洋河	养鸡	10	8760
	养猪	3	3520
西洋河	养鸡	119	159432
	养猪	145	265428
	养牛	3	7000
	养羊	5	1300
迷雾河	养鸡	8	17520
	养猪	26	93858
	养牛	2	4200
麻姑营河	养鸡	11	22510
	养猪	19	5048
注	规模养殖场:养鸡≥5000只;养猪≥100头;养牛≥50头;养羊≥100只		

目前,当地政府根据生态文明建设和美丽乡村建设等相关文件要求为指导,实行了库区周边及骨干河道两侧500m范围内禁止畜禽养殖,1000m范围内限值规模性养殖,逐步推进水库流域内美丽乡村建设和生态文明建设,开展循环生态农业的规划建设工作。

针对流域内养殖场分布的特点、禽畜粪尿产生量,采取养殖场设置临时储粪池储存禽畜粪尿,运粪车将储粪池内的粪尿运送到生物有机肥加工厂集中处置。

2. 生物有机肥处置与利用

生物有机肥是有益微生物与有机肥协调结合形成的一种新型、高效的微生物有机肥料,以禽畜粪尿为原料,以秸秆等为辅料形成的有机肥料,属于生物肥料,它与微生物接种剂的区别主要表现在菌种、生产工艺和应用技术等方面。随着人们对无公害农产品、绿色食品以及有机食品需求的不断增加和可持续发展的要求,增加有机肥使用量、减少化肥用量、加快农业有机废弃物的无害化、资源和利用。

对于限养区以外的非规模养殖,当地村民将禽畜粪便直接返田利用,通过土层的过滤、土壤粒子和植物根系的吸附、生物氧化、离子交换,使粪肥中的有机物降解、病原微生物失去生命动力或被杀灭,从而得到净化。

3. 生物有机肥加工及处理程度

处置工艺流程简单分为前处理、一次发酵、后处理三个过程。

(1)前处理:禽畜粪尿为主料,秸秆废弃物为辅料添加到禽畜粪尿中,按一定比例加入生产生活有机废水、复合菌,并按照原料成分调配堆肥料水分、碳氮比,进行混合搅拌。

(2)一次发酵:将混合料用送入发酵池,形成发酵堆,进行供氧、补水和发酵培养。

(3)后处理:筛分、造粒、烘干,按比例添加微量元素后搅拌混合制成成品。

养殖场禽畜粪尿是很好的农肥,倡导资源的综合利用,坚持处理与利用相结合,提高污染物利用效率,到2022年,流域内所有规模化禽畜养殖场(小区)全部配套建设污水贮存、处理、利用设施,逾期或无法实现改造的养殖场全部取缔;散养密集区实行禽畜粪便污水分户收集、集中处理利用。维护并不断完善禽畜养殖污染治理项目工程,保证禽畜养殖污染物收集率达到90%以上。

四、化肥农药污染防控措施

化肥、农药提高了作物产量,为日益增长的人口提供了基本生活保障。由于农户对化肥、农药的过度依赖导致不合理的使用,造成了土壤、水体、大气的严重污染,对水体污染产生了严重后果,给人类身体健康造成了威胁,引起了党和国家的高度重视,提出了配方施肥、缓控施肥、保护性耕作等有效治理措施,以引导农民改变观念,增加环保意识,运用科学的施肥用药方法,对农作物进行管理。

1. 测土配方技术

测土配方施肥技术,又称配方施肥技术(Formula Fertilization Technology by soil Testing),是目前国内控制化肥过量施用最为有效的管理措施,旨在解决作物需肥与土壤供肥之间的矛盾。该技术是以土壤测试、肥料田间试验为基础,依据作物的需肥规律、土壤的供肥性能和肥料效应,在合理施用有机肥料的基础上,由专家提出氮肥、磷肥、钾肥以及中、微量元素等肥料的施用数量、施肥时期和施用方法的技术措施。希望通过针对性地补充作物所需营养元素,实现各养分平衡供应,满足作物生长的需要,提高作物产量;并有效地减少农户在农业生产过程中过量的使用化肥,达到提高肥料利用率和降低农业生产成本,保护农业生态环境,促进农业可持续发展的目的。

但目前测土配方技术的在人员方面也存在着不足之处:农民对非传统的技术缺乏认识,参与意识不强,不利于此项防治措施的实际开展。由于土壤采样化验、数据处理技术等因素的限制,施肥方案只能围绕有限的已经采样的田块产生,其他田块只能参照执行,其结果是施肥方案针对性不强,推广应用只能停留在分片指导层面,精度很低。

2. 缓控施肥

缓控施肥也是科学治理由农药化肥导致的农业非点源污染的管理措施,使用的肥料可分为缓释肥料和控制释肥料。缓释肥料是指植物在施入土壤后,转变为有效养分的释放速率比传统速溶性肥料小的肥料;控释肥料是指通过各种调控机制使养分释放速率按照设定的释放模式与作物吸收养分的规律相一致的肥料。其中,膜控制释放是缓控施肥技术研究中的一个重点,它是指利用膜的作用,在特定的区域和规定的时间间隔内按一定的速度释放活性物质(如药物、肥料、香料等)的技术,它是一种高效控制非点源排放的方法。

控释肥料技术在对农业非点源污染的防治方面最大的贡献便是使肥料养分的释放与作物吸收养分同步,大幅度简化了传统施肥技术的工作量,使得一次性施肥便能够满足作物在整个生长期内对养分的需求,降低了肥料损失,提高了肥料利用率的同时也保证了作物的品质,该技术也成为21世纪化学肥料发展的研究热点。控释肥料在农业非点源污染防治的方面其适宜性主要表现在:营养元素在土壤中释放缓慢,减少了土壤中营养元素的损失,提高了肥料利用率;技术中运行的特性肥料,时效持久且相对稳定,一般能够满足作物在整个生长期内对养分的需求;具备低盐指数,避免了一次大量施用控释肥料的"烧苗"现象,同时也减少了施肥的频率和数量,节省了大量的劳动力及成本;适宜于不同类型的土壤和植物,有效地防止土壤板结的问题。

3. 保护性耕作

保护性耕作技术是主要通过降低污染物质的迁移能力,从而对农业非点源污染进行防治的管理性措施,基本原理是:通过运用不同于传统方式的耕作方式,增加地面粗糙程度及地表植被覆盖度,避免过分扰动土层结构,同时具备拦截降雨的作用,增加地表水入渗量,减少地表径流及水分蒸发的发生时长,从而达到保水保土的非点源污染防治效果主要技术内容包括四个方面:①实行"免耕—少耕"的新型耕作方式。除播种之外不再进行其他耕作的方式称之为免耕,在耕作过程中只进行深松与表土耕作的方式为少耕作,利用该技术可对深层土壤起到疏松作用,最低限度地对土壤结构进行破坏;②利用作物秸秆残茬覆盖地表,在培肥地力的同时,具有稳固土壤、保护土壤肥力的功效,水蚀、风蚀发生的频率降低,也减少了土壤中水分的无效蒸发,提高天然降水的利用率;③采用免耕播种,工序较传统方式简易,在有残茬覆盖的农田地表通过开沟、播种、施肥、施药、覆土镇压等流程反复作业,减少机械使用次数,可以很大程度上降低作业成本;④利用喷洒除草剂取代传统的翻耕方式,对虫害及杂草进行治理。

通过综合考虑,三种方法的适用性都比较强,保护性耕作虽然保护了土壤的结构,通过有效地控制地表径流量提高肥料的利用率,但在免耕处理时,杀虫剂等农药用量大大增加,将含有一定量的化学药剂导入污染区域内,易诱发新的污染隐患。

测土配方施肥区比常规施肥区平均提高化肥利用率5%～10%,每公顷可减少2～3kg氮素可作为控制农药化肥的主要措施。预计到2022年,测土配方施肥技术推广覆盖率达到90%以上,化肥利用率提高到40%以上,农作物病虫害统防统治覆盖率达到40%以上。到2030年实现库区流域内测土配方施肥技术全覆盖,化肥利用率提高到60%,农作物病虫害统防统治覆盖率达到80%以上。

五、水土流失整治措施

在人类活动、水力、重力、风力等影响和作用下,会导致土地表层侵蚀和水土损失,它不仅能造成土地资源的破坏,还会导致农业生产环境恶化,生态平衡失调,加剧水灾旱灾的发生频次,进而影响各业生产。治理水土流失的主要措施有以下几种。

1. 生物措施

生物措施主要指种树种草,这是治理水土流失的根本措施之一,但种树种草要因地制宜,沟壑斜坡上适宜种护坡林,沟壑中则应沿着侵蚀沟道植树,有些区域还应辅以工程措施。

2. 工程措施

兴修水平梯田、打淤地坝、修建坑塘水库等工程,拦蓄泥沙,可有效防止泥沙流失,还可以在淤地上植草种树或种植庄稼等,实践证明其治沙效果显著。

3. 以小流域为单元的综合治理

小流域指相当于坳沟或河沟的沟道流域,以小流域为单元的综合治理过程中,应注意贯彻生物措施与工程措施紧密结合的原则。

洋河水库流域现状植被条件较好,整体上水土流失轻微。但仍存在局部土质陡坡陡坎,个别矿区、河道有乱采乱掘的现象,下雨时容易造成坍塌,导致水土流失等。结合流域水土流失情况,到2022年底前对库区土质陡坡、土坎等易坍塌部位采用工程措施加以防护,重点对坝上地区严重沙化耕地及25度以上陡坡耕地实施退耕还林工程,进一步加大退耕还林、还草、还湿力度,重点区域水土保持、水源涵养、重要淖泊退耕还湿等工程全部建成。

六、城镇地表径流污染治理措施

降雨径流中的污染物,主要来自大气沉降、街尘、轮胎摩擦、道路材料、排水管道底泥等。大气沉降分为干沉降和湿沉降,干沉降是一些颗粒物依靠重力作用沉淀在建筑物和地表。湿沉降是伴随雨水发生,一部分被降雨淋洗直接降到水体表面,其余的和干沉降的污染物一起被径流冲刷排放到水体,引起受纳水体的污染。城镇地表径流污染治理的主要措施有以下几方面。

1. 雨污分流

雨水可以通过雨水管网直接排到河道,污水需要通过污水管网收集后,送到污水处理厂进行处理,水质达到相应国家或地方标准后再排到河道里,这样可以防止河道被污染。由于初期雨水污染物浓度含量高,有条件的会设置收集初期雨水排入污水管网进行处理。我国以前由于在城市基础设施建设方面比较落后,没有对排水管道根据水的来源进行分设,采用的是雨水和污水合用一条排水管道的形式,即合流制的排水系统。随着经济的发展和环境意识的增强,再加上水资源越来越珍贵,为了能够更好地利用各种水资源,开始实施雨水和污水各用一条排水管道的排水方式。

2. 人工湿地

人工湿地(Constructed Wetland,CW)是由人工在模拟自然湿地生态系统基础上建造和监督控制的,与沼泽地类似的污水处理生态工程技术。其净化原理是利用自然界生态系统中的物理、化学和生物的三重协同作用,通过过滤、吸附、沉淀、离子交换、植物吸收和微生物降解,从而实现对污水高效净化。人工湿地在负荷量承载、可控性及对污水净化效果上,都远远超过自然湿地,其主要组成要素包括,微生物种群及水生动物、水生植物、基质、水体等。

3. 植草沟

植草沟作为雨水系统以及"海绵城市"最具代表性的工程措施,在一些发国家已被证明是一种低成本、高效的径流治理措施。其用途广泛,可在源头、污染物传输过程以及和其他措施联合运行,在完成排水功能的同时,也能够满足雨水收集及净化。植草沟技术有利于城市良性水文循环,提高对径流雨水的渗透、调蓄、净化、利用和排放能力,实现"海绵城市"的功能。

植草沟一般是指表面种有一些植被的地表沟渠,相对于传统沟渠它既能起到排水、净化水同时也有生态美观的作用。根据地表径流传输方式的不同,植草沟一般可分为标准传输植草沟(Standard Conveyance Swales)、干植草沟(Dry Swales)、湿植草沟(Wet Swales)三类。标准传输植草沟是开阔的浅植物性沟渠,其主要作用就是将地表径流传输到其他径流净化处理设施。干植草沟是底部有渗滤排水系统,从下往上依次为渗滤管、基质过滤层、表层植被。湿植草沟,主要表面维持一定的水深,一般水的深度在草高以下。

植草沟净水机理主要有物理化学作用、微生物作用。雨水流入植草沟,大的且易于沉淀的颗粒态污染物,受到重力作用、范德华力和静电引力相互作用以及某些化学键的作用、植被的拦截、土壤和基质的渗透及吸附作用得到去除。悬浮颗粒态污染物在颗粒处于较为适宜的情况下就会发生沉淀,被拦截吸附的污染物以及径流中的一些营养物质和重金属通过植物的吸收最终得到去除。基质和土壤中含有大量的微生物群落,从上到下一般含有好氧微生物、兼性好氧缺氧微生物和厌氧微生物,可以利用水体中的有机物进行生长代谢,对污染物进行分解利用。在不同的条件下,通过硝化作用、反硝化作用和吸磷、释磷过程,有效去除氮、磷,最终达到去除污染物的目的。植草沟种类为表流型植草沟和渗滤型植草沟。其中表流型植草沟对 COD、TP、TN、NH_3 – N 去除率分别为:47% ~ 82%、20% ~ 40%、20% ~ 60%、25% ~ 74%;渗滤型植草沟对 COD、TP、TN、NH3 – N 去除率分别为:40% ~ 50%、60% ~ 70%、30% ~ 40%、50%左右。

城镇地表径流污染治理主要是针对洋河水库流域内乡镇城区、地面已硬化了的大型新农村、工矿企业、高等级公路等产生的地表径流。预计到 2022 年,流域内城镇地表径流实施雨污分流工程措施,地表径流污染水体收集率达到 80%以上,新建城镇污水处理设施执行一级 A 排放标准,其出水全部进入人工湿地、植草沟等作进一步的深度处理后,再排入到河道,处理后的水质达到或优于Ⅳ类水质标准。

七、流域产业结构调整措施

1. 合理规划乡镇工业布局

以镇为基本控制区域,对现有工业园区及乡镇工业进行布局调整,按照当地地理环境特征、经济发展现状、环境容量和资源承载力,建设乡镇生态工业园区,运用循环经济的理念,优化结构、合理集聚,形成产业链,促进乡镇工业向园区集中发展,把园区建设与合理利用土地资源、保护生态环境结合起来,在园区实施集中供热,集中治污,努力优化资源配置,促进资源共享,实现经济、社会与环境的协调发展。

2. 结合流域经济结构调整,推行清洁生产

结合区域经济结构调整,加快发展资源和能源消耗少、污染物排放量低的产业,推行清洁生产,做到增产减污。在依照国家规定设立的中小企业发展基金中,根据需要安排适当资金用于支持中小企业实施清洁生产,以利用废物生产产品或从废物中回收原料的企业,税务机关按照国家有关规定,减征或者免征增值税。企业用于清洁生产审核和培训的费用,可以列入企业经营成本。

3. 水源地保护区产业发展与补偿政策

不同等级保护区内的产业结构调整,污染企业的适度转移。在符合总发展思路的前提条件下,鼓励水源地的老企业和新投资的企业向主要工业区集中,鼓励进行水源地保护区内产业适当外迁。鼓励产业结构调整与绿色产业的发展。减少工业企业的污染,调整产业结构;发展生态农业、农产品深加工、绿色产品一条龙市场;适当发展生态旅游业等。

4. 结合农业产业结构调整,加快生态农业的建设

在流域内大力发展生态农业、有机农业,建立一批无公害农产品生产示范基地,积极发展有机食品和绿色食品,建设节约型和农业持续发展的社会主义新农村。调整和优化农田用肥结构,鼓励和引导增施有机肥和缓释肥,逐步减少氮、磷、钾等单质肥料的用量。推广生物和物理防治农田病虫害技术,科学施用农药并逐步减少化学农药的使用量,提高生物农药施用比例,使流域农用化学品使用量逐年减少,保护流域生态环境。

5. 大力推广生态养殖工程

对现有畜禽养殖点进行调整。合理布局,并建立起以种植业为基础,养殖业为中心,沼气工程为纽带的生态养殖业模式,使畜禽粪便综合利用率达到90%;发展"养殖、回收利用、加工、销售"一条龙的产业链,大力推广"四位一体"的生态养殖工程。

第三节　污染物源头综合整治后各单元水质分析

一、污染物源头治理后排放量及入河量

根据上述目标及其综合整治措施,按照前述模型分析方法,源头治理后各单元污染物排放量如表5-6所示。

表5-6　源头治理前、后污染物排放量对比表

单元编号	源头治理前排放总量(t)				源头治理后排放总量(t)			
	TN	TP	NH₃-N	COD(t)	TN	TP	NH₃-N	COD
1	25.75	8.79	2.57	28.12	10.10	3.53	1.04	14.06
2	11.70	3.94	1.17	22.60	4.52	1.59	0.48	11.30
3	38.20	13.00	3.82	49.55	14.94	5.23	1.55	24.78
4	35.21	12.34	4.00	50.10	13.11	4.61	1.41	21.21
5	8.55	4.19	3.20	54.34	1.36	0.59	0.39	7.85
6	19.68	6.65	1.97	34.70	7.63	2.68	0.80	17.35
7	4.15	1.36	0.41	13.49	1.57	0.55	0.17	6.74
8	34.90	11.82	3.49	54.52	13.58	4.76	1.41	27.26
9	10.47	3.44	1.05	34.09	3.95	1.40	0.43	17.05
10	4.58	1.47	0.46	21.45	1.68	0.60	0.19	10.73
…	…	…	…	…	…	…	…	…
228	32.29	12.98	7.95	138.36	8.88	3.29	1.43	29.38
229	24.19	9.26	4.26	91.45	7.90	2.88	1.07	31.54
230	5.83	1.97	0.58	12.68	2.24	0.79	0.24	6.34
231	13.61	6.69	4.81	75.93	2.57	1.08	0.64	10.14

单元编号	源头治理前排放总量(t)				源头治理后排放总量(t)			
	TN	TP	NH₃-N	COD(t)	TN	TP	NH₃-N	COD
232	26.79	11.72	7.14	107.95	7.40	2.82	1.23	17.69
233	13.15	4.52	1.31	18.58	5.11	1.79	0.53	9.29
234	13.50	6.10	4.15	83.60	3.20	1.28	0.63	18.71
235	20.29	7.71	3.48	68.24	6.77	2.46	0.88	22.46
236	79.30	33.10	18.31	291.75	23.40	8.73	3.58	62.80
237	28.32	14.23	12.58	237.29	3.69	1.75	1.40	36.76
合计	4888.76	2052.59	1245.30	25361.25	1253.42	480.76	214.27	6311.09

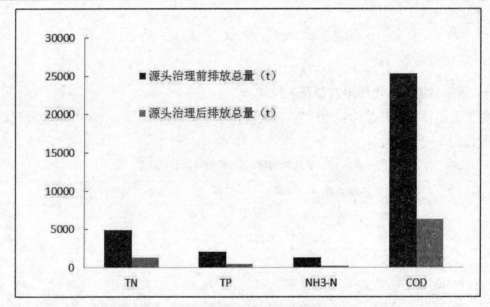

图 5 - 2　治理前后污染物排放总量对比图

根据《全国水环境容量核定工作常见问题解析》技术报告,利用污染物负荷的计算方法计算污染物入河量,生活污水入河系数取 0.07,生活废弃物入河系数取 0.07,秸秆废弃物入河系数取 0.07,化肥农药入河系数取 0.1,禽畜排泄物入河系数取 0.1。污染物源头治理后各污染物入河量如表 5 - 7 所示。

表5-7　源头治理前、后污染物入河量对比表

单元编号	治理前各元素入河总量(t)				治理后污染元素入河总量(t)			
	TN	TP	NH_3-N	COD(t)	TN	TP	NH_3-N	COD
1	15.35	5.26	1.54	14.06	1.09	0.39	0.12	7.03
2	6.94	2.35	0.69	11.30	0.51	0.19	0.06	5.65
3	22.75	7.77	2.28	24.78	1.63	0.58	0.19	12.39
4	19.69	6.75	1.99	20.71	1.42	0.51	0.17	10.16
5	1.39	0.53	0.21	5.63	0.15	0.07	0.04	1.91
6	11.69	3.96	1.17	17.35	0.86	0.31	0.10	8.67
7	2.44	0.81	0.24	6.74	0.19	0.07	0.03	3.37
8	20.75	7.06	2.07	27.26	1.51	0.54	0.18	13.63
9	6.16	2.04	0.62	17.05	0.49	0.18	0.07	8.52
10	2.67	0.87	0.27	10.73	0.23	0.09	0.03	5.36
…	…	…	…	…	…	…	…	…
228	12.35	4.29	1.37	25.30	1.00	0.37	0.17	10.55
229	11.77	4.01	1.27	30.54	0.95	0.35	0.15	14.14
230	3.44	1.16	0.34	6.34	0.26	0.09	0.03	3.17
231	2.96	1.13	0.41	7.40	0.28	0.11	0.07	2.10
232	10.11	3.60	1.14	13.51	0.79	0.30	0.14	5.08
233	8.06	2.80	0.86	11.74	0.56	0.20	0.07	4.64
234	4.38	1.55	0.53	16.80	0.39	0.16	0.08	7.01
235	10.04	3.42	1.05	21.07	0.78	0.29	0.12	9.98
236	32.93	11.54	3.64	53.43	2.58	0.97	0.42	22.47
237	3.33	1.31	0.58	27.94	0.46	0.21	0.16	10.08
合计(t)	1756.27	605.19	196.652	5745.57	151.38	59.21	28.14	2499.29

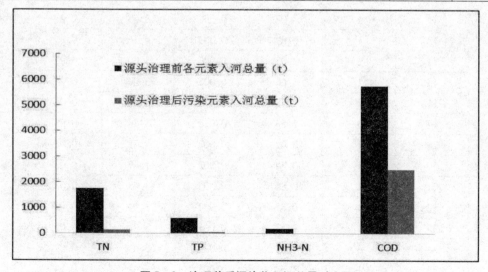

图5-3　治理前后污染物入河总量对比图

二、污染物源头治理后各单元水质分析

经过污染物源头治理后各单元水质状况如表 5 - 8 所示。表中 1 表示东洋河水系,2 表示迷雾河水系,3 表示麻姑营河水系,4 表示西洋河水系。西洋河水系入库河口位于 178 号单元,麻姑营河水系入库河口位于 163 号单元,迷雾河水系入库河口位于 175 号单元,东洋河水系入库河口位于 188 号单元。表中单元带星号(*)表示沟口所在位置,东洋河水系主要沟口位置,11 号单元为陈家沟,25 号单元为贾家河,57 号单元为梁家湾,119 号单元为勃塘口,165 号单元为头道沟;迷雾河水系沟口为 128 号单元;西洋河水系主要沟口位置,162 号单元为干涧河,170 号单元为兴隆河,168 号单元为燕河,190 号为单元冯家沟,205 号单元为双旺河,189 号为单元四各庄河;麻姑营河只有入库河口。

表 5 - 8　源头治理后各单元污染物浓度

单元	水系	各单元污染物浓度(mg/L)			
		TN	TP	COD	NH$_3$ - N
1	1	3.39	0.010	2.87	0.07
2	1	2.18	0.006	3.13	0.05
3	1	3.30	0.010	3.28	0.06
4	1	3.50	0.010	3.46	0.07
5	1	3.18	0.009	3.60	0.07
6	1	2.56	0.008	3.38	0.05
7	1	2.99	0.009	3.56	0.06
8	1	2.81	0.008	3.32	0.06
9	1	1.87	0.006	4.27	0.04
10	1	2.40	0.007	3.66	0.05
11 *	1	1.76	0.005	3.18	0.04
12	1	3.08	0.009	3.65	0.07
13	1	0.89	0.003	4.16	0.03
14	1	2.03	0.006	3.40	0.05
15	1	1.66	0.005	3.04	0.04
16	1	2.78	0.008	4.22	0.06
17	3	1.53	0.018	3.86	0.05
29	1	0.62	0.002	4.52	0.02
30	1	0.54	0.002	1.67	0.02
31	1	0.85	0.003	3.43	0.03
32	1	0.83	0.003	3.04	0.02
33	1	0.82	0.003	3.39	0.02
34	3	1.82	0.022	3.59	0.07
35	1	1.64	0.005	3.52	0.04

单元	水系	各单元污染物浓度（mg/L）			
		TN	TP	COD	$NH_3 - N$
36	3	2.30	0.029	3.38	0.10
37	1	0.37	0.001	3.56	0.02
38	1	0.39	0.001	3.76	0.02
39	1	0.47	0.002	3.49	0.02
40	1	0.45	0.002	1.44	0.01
41	3	1.24	0.015	2.88	0.04
42	2	1.57	0.020	3.07	0.12
43	1	1.60	0.005	4.05	0.04
44	2	1.18	0.015	2.43	0.06
45	3	1.50	0.017	2.88	0.04
46	3	2.03	0.026	3.24	0.09
47	1	1.33	0.004	3.34	0.04
48	1	0.34	0.002	1.13	0.01
49	4	0.61	0.012	3.96	0.01
50	1	0.66	0.002	3.23	0.02
51	1	0.34	0.001	2.93	0.01
52	1	0.34	0.001	3.27	0.01
53	4	0.94	0.021	4.49	0.04
54	2	2.38	0.033	2.84	0.20
55	2	1.51	0.019	2.62	0.10
56	1	0.42	0.002	1.28	0.01
57 *	1	0.29	0.001	2.17	0.01
58	1	0.34	0.001	3.27	0.01
59	4	0.90	0.020	4.23	0.03
60	3	2.11	0.027	3.37	0.09
61	1	0.34	0.001	3.24	0.01
62	4	0.52	0.011	3.26	0.02
63	1	0.33	0.001	3.18	0.01
64	2	1.71	0.022	2.40	0.10
65	2	1.76	0.023	2.55	0.12
66	2	3.54	0.041	2.27	0.15
67	3	3.06	0.039	3.62	0.16
68	3	2.18	0.027	3.42	0.09
236	4	1.77	0.033	2.89	0.04
237	3	2.00	0.025	3.42	0.08

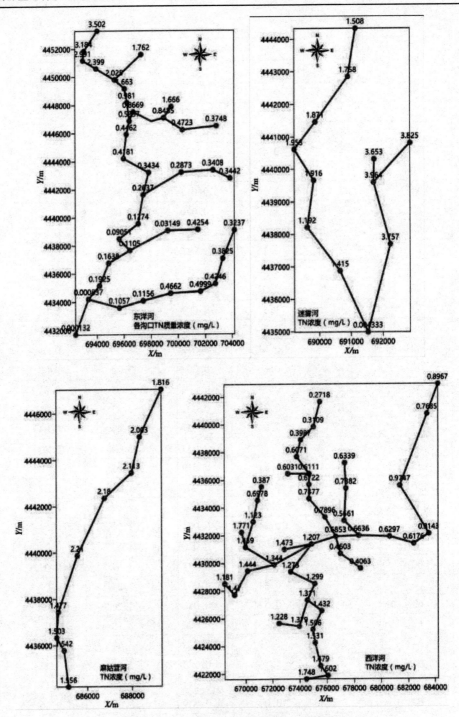

图5-4 源头治理后各单元出流 TN 浓度

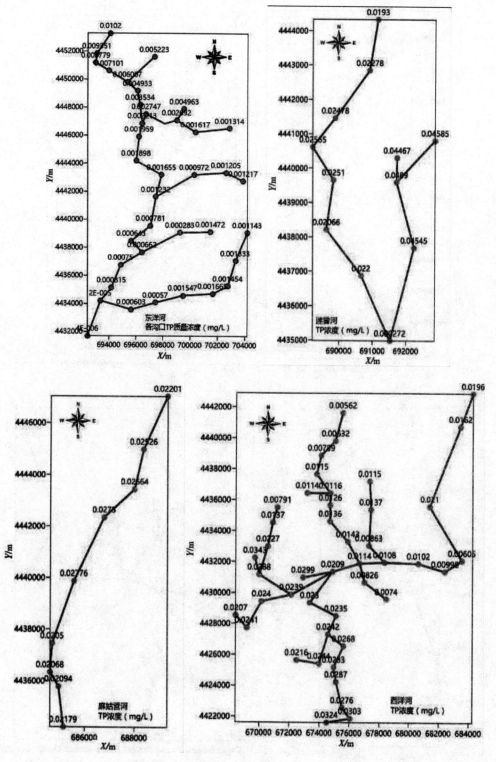

图 5 - 5　源头治理后各单元出流 TP 浓度

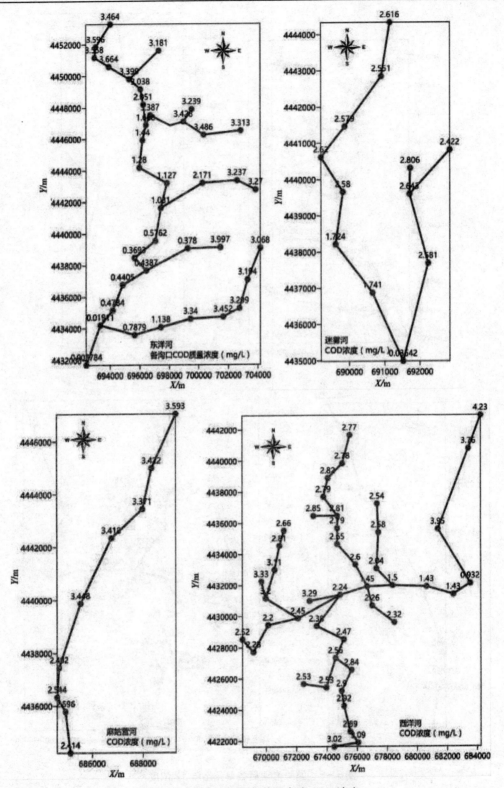

图 5 – 6　源头治理后各单元出流 COD 浓度

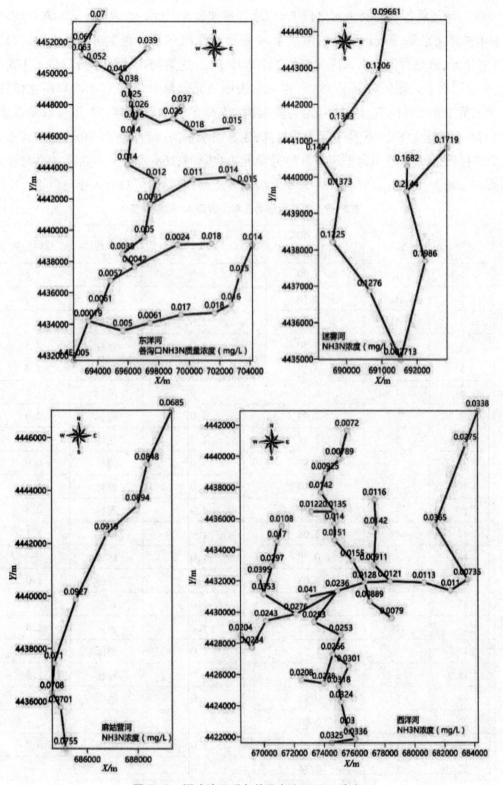

图 5 - 7　源头治理后各单元出流 NH3-N 浓度

源头治理后各单元及单元出口 TN 浓度评价如表 5-9 所示,表中 1 表示东洋河水系, 2 表示迷雾河水系,3 表示麻姑营河水系,4 表示西洋河水系。西洋河水系入库河口位于 178 号单元,麻姑营河水系入库河口位于 163 号单元,迷雾河水系入库河口位于 175 号单 元,东洋河水系入库河口位于 188 号单元。表中单元带星号(*)表示沟口所在位置,东 洋河水系主要沟口位置,11 号单元为陈家沟,25 号单元为贾家河,57 号为单元梁家湾, 119 号单元为勃塘口,165 号单元为头道沟;迷雾河水系沟口为 128 号单元;西洋河水系主 要沟口位置,162 号单元为干涧河,170 号单元为兴隆河,168 号单元为燕河,190 号单元为 冯家沟,205 号单元为双旺河,189 号单元为四各庄河;麻姑营河只有入库河口。

表 5-9　源头治理后各单元出口 TN 浓度评价

单元	水系	TN 浓度 (mg/L)	Ⅲ类水质标准 (mg/L)	是否超标	超标倍数
1	1	3.39	1.0	超标	2.4
2	1	2.18	1.0	超标	1.2
3	1	3.30	1.0	超标	2.3
4	1	3.50	1.0	超标	2.5
5	1	3.18	1.0	超标	2.2
6	1	2.56	1.0	超标	1.6
7	1	2.99	1.0	超标	2.0
8	1	2.81	1.0	超标	1.8
9	1	1.87	1.0	超标	0.9
10	1	2.40	1.0	超标	1.4
11 *	1	1.76	1.0	超标	0.8
12	1	3.08	1.0	超标	2.1
13	1	0.89	1.0	达标	—
14	1	2.03	1.0	超标	1.0
15	1	1.66	1.0	超标	0.7
16	1	2.78	1.0	超标	1.8
17	3	1.53	1.0	超标	0.5
18	3	2.30	1.0	超标	1.3
19	1	0.98	1.0	达标	—
20	1	0.66	1.0	达标	—
21	1	1.67	1.0	超标	0.7
22	1	0.34	1.0	达标	—
23	1	1.13	1.0	超标	0.1

单元	水系	TN 浓度 （mg/L）	Ⅲ类水质标准 （mg/L）	是否超标	超标倍数
24	1	1.52	1.0	超标	0.5
25 *	1	0.87	1.0	达标	—
26	1	0.37	1.0	达标	—
…	…	…	…	…	…
215	4	1.43	1.0	超标	0.4
216	4	1.17	1.0	超标	0.2
217	4	1.23	1.0	超标	0.2
218	4	1.51	1.0	超标	0.5
219	4	0.39	1.0	达标	—
220	4	1.38	1.0	超标	0.4
221	4	1.30	1.0	超标	0.3
222	4	1.53	1.0	超标	0.5
223	4	1.73	1.0	超标	0.7
224	4	1.77	1.0	超标	0.8
225	4	1.99	1.0	超标	1.0
226	4	1.73	1.0	超标	0.7
227	4	0.67	1.0	达标	—
228	4	1.46	1.0	超标	0.5
229	4	0.91	1.0	达标	—
230	4	1.48	1.0	超标	0.5
231	4	1.60	1.0	超标	0.6
232	4	2.83	1.0	超标	1.8
233	4	1.75	1.0	超标	0.7
234	4	0.90	1.0	达标	—
235	4	1.26	1.0	超标	0.3
236	4	1.77	1.0	超标	0.8
237	3	2.00	1.0	超标	1.0

源头治理后，经过比较分析 TP、COD、NH$_3$ - N 所有单元全部达标。各水系各单元水质情况统计如表 5 - 10 所示。

表 5 - 10 源头治理后各水系沟口水质统计表

水系	单元总数	主要沟口的单元数		TN 达标单元	TN 超标单元	TP 达标单元	TP 超标单元	COD 达标单元	COD 超标单元	NH₃-N 达标单元	NH₃-N 超标单元
东洋河	83	陈家沟	4	1	3	4	0	4	0	4	0
		贾家河	15	11	4	15	0	15	0	15	0
		梁家湾	7	5	2	7	0	7	0	7	0
		勃塘口	10	7	3	10	0	10	0	10	0
		头道河	17	14	2	17	0	17	0	17	0
西洋河	95	干涧河	8	2	6	8	0	8	0	8	0
		兴隆河	7	3	4	7	0	7	0	7	0
		燕河	21	9	11	21	0	21	0	21	0
		冯家沟	11	5	6	11	0	11	0	11	0
		双旺河	24	6	18	24	0	24	0	24	0
		四各庄河	9	4	5	9	0	9	0	9	0
迷雾河	27	迷雾河	10	1	9	10	0	10	0	10	0
麻姑营河	21	麻姑营河	21	12	9	21	0	21	0	21	0
合计	226	13		80	82	162	0	162	0	162	0

经过源头治理后，TP、COD、NH₃-N 所有单元全部达标。东洋河水系经过源头治理后 TN 达标单元 56 个，仍有 27 个单元水质未达标，最大超标单元 4 号，TN 浓度为 3.5mg/L，最大超标倍数 2.5 倍。西洋河水系经过源头治理后 TN 达标单元 48 个，仍有 45 各单元超标，最大超标单元 232 号，TN 浓度为 2.83mg/L，最大超标倍数 1.8 倍。迷雾河水系经过源头治理后 TN 达标单元 1 个，仍有 26 各单元超标，最大超标单元 74 号，TN 浓度为 4.54mg/L，最大超标倍数 3.5 倍。麻姑营河河水系经过源头治理后 TN 污染物 21 个单元仍然全部超标，最大超标单元 67 号，TN 浓度为 3.06mg/L，最大超标倍数 2.1 倍。

通过计算可知本流域的主要污染物为 TN，洋河水库流域共有 237 个单元，经过源头治理后仍有 113 个单元水质未达到Ⅲ类标准，因此对于水质未达标的水域在沟口处要进行进一步的消减，消减量如表 5-11 所示。

表 5 −11　各沟口污染物 TN 应消减量(按Ⅲ类水标准)

沟口	水系	所在单元	河道消减量(kg)	沟口处口应消量(kg)
陈家沟	东洋河	11	153.85	3038.45
贾家河		25	19.91	1395.90
梁家湾		57	128.76	996.96
勃塘口		119	109.43	2218.86
头道河		165	135.73	549.25
迷雾河	迷雾河	128	284.88	7985.11
干涧河	西洋河	162	428.34	1660.72
兴隆河		170	671.11	201.51
燕河		168	83.30	1191.56
冯家沟		190	52.45	3413.72
双旺河		205	494.36	5825.62
四各庄		189	529.12	3548.88
麻姑营河	麻姑营河	163	1461.8	38063

第四节　河道生态综合整治措施

一、河道生态整治防洪标准和设计原则

1. 河道生态整治防洪标准

洋河水库流域上游主要干流(东洋河、西洋河、迷雾河和麻姑营河)整体防洪标准采用 10 年一遇;治理后村庄段防洪标准 10 年一遇,耕地段 5 年洪水不淹地。

2. 河道生态整治设计原则

东洋河干流河道在满足防洪要求的前提下,利用天然砂砾卵石河床,打造成潜流、表面流湿地;在污染物超标的主要支流的沟口处利用砂砾卵石河床,修建潜流、表面流湿地。

西洋河干流河道在满足防洪要求的前提下,利用天然壤土质——沙质河床,在满足防洪要求的前提下打造成表面流湿地;在污染物超标的主要支流的沟口处利用壤土质——沙质河床,修建表面流湿地。

迷雾河、麻姑营河干流河道在满足防洪要求的前提下,利用天然砂砾卵石河床,打造成潜流、表面流湿地。

河道治理原则是不筑堤、不缩窄现状河道、不采用浆砌石或混凝土护砌,以绿植防护为主。为达到洋河水库水体生态治理的目的,结合本地区防洪安全问题,根据河道现状情况并结合实际地形条件,确定以下河道治理的设计原则。

(1)通过工程措施和生态植物措施对河道水体进行净化治理,并兼顾防洪,河道保护对象为村庄和耕地,整体防洪标准采用10年一遇;治理后村庄段防洪标准10年一遇,耕地段5年洪水不淹地。

(2)改善河道周边生态环境,不干扰或尽量少干扰社会经济环境等,最终达到技术可靠、经济合理、环境健康、社会满意的效果。

(3)河道生态治理中,综合考虑两岸堤防现状和河道采用生态治理措施后糙率增加因素,沿河道深泓线开挖一定宽度的深槽,保持河道上开口宽度不变,使得治理后的河道水面线不超过现状水面线,对深槽凹岸局部采用格宾石笼进行防护。

(4)一般河段和紧邻村庄河段,河道两岸现状地面高程如不能满相应防洪标准则需修筑堤埝,采用新建或加高护村埝的措施,尽量不改变治理段河道两岸排水方式。

(5)在跨河交通桥和紧邻村庄河段,设置透水坝和湿地景观对河道水体进行净化,透水坝利用河道中现有的天然河卵石,为不影响泄洪和危及堤防安全,透水坝坝顶高出河底0.5m。

(6)尽量不占用现有耕地,工程弃土堆放于防洪堤外洼地处,并整平复耕与耕地相连。

二、河道生态治理措施

(一)治理范围

河道生态治理长度为75.41km。其中东洋河干流23.13km,5条支流长18.65 km;迷雾河干流1.8km;麻姑营河干流2.05km;西洋河干流14.71km(其中10km已经实施),5条支流长25.07km。具体治理范围见表5-12。

表5-12 洋河水系河道生态治理范围

序号	河道名称	治理桩号	治理长度(km)	备注
一	东洋河		41.78	
1	干流	1+010~24+144	23.13	南起入库口的战马王村,北至鲍家店村
2	支流		18.65	5条
①	头道沟	TD0+000~TD10+000	10.0	西起汇流口(南寨村北),东至猩猩峪村北
②	勃塘沟	BT0+000~BT3+550	3.55	西起汇流口(单庄村西北),东至勃骆塘村西
③	梁家湾	LJ0+000~LJ1+700	1.70	西起汇流口(峪门口村北),东至梁家湾村东

序号	河道名称	治理桩号	治理长度（km）	备注
④	贾家河	JJ0+000～JJ1+800	1.80	西起汇流口（贾家河村南、郭家场村北），向东延伸1.8km
⑤	程家沟	CJ0+000～CJ1+600	1.60	东起汇流口（柳家沟村南），西至小沟外村西
二	迷雾河	0+000～1+800	1.80	南起入库口的野各庄村，北至大秦铁路以北800多m（迷雾村北）
三	麻姑营河	0+000～2+050	2.05	南起入库口的冬暖庄村南，北至S363省道以北800多m（麻姑营村北）
四	西洋河			
1	干流		14.71	
①	干流①	12+400～2+400	10.00	东起入库口的富贵庄村，西至燕窝庄村南，已治理。本次在适当位置新建透水坝和湿地景观
②	干流②	西2+599～西0+000	2.60	东起下游已治理段末端，西至上游后宫地大桥，治理中
③	干流③	XYH0+000～XYH-2+110	2.11	东起后宫地大桥，西至四各庄河支流汇流口（宋各庄村）
2	支流		25.07	
①	干涧河	GJ0+000～GJ2+860	2.86	南起入库口的富贵庄村，北至S363省道以北800多m（西张各庄）
②	兴隆河	XL0+000～XL4+600	4.60	南起汇流口东花台村，北至东吴庄村南
③	燕河	YH0+000～YH4+200	4.20	南起汇流口燕窝庄村西，北至燕河营镇
④	四各庄河	SG0+000～SG3+400	3.40	北起汇流口宋各庄村，南至丁家庄村
⑤	双望河	双0+000～双10+014	10.01	南起大彭庄村与单庄村互通交通桥，北至汇流口（宋家村北）

（二）主要工程措施

各水系河道生态整治工程措施详见表5－13～表5－18。

表 5 - 13　东洋河河道治理主要工程措施

河道名称	治理分段桩号	河道底宽（m）	工程措施	绿植措施	备注
东洋河干流	1 + 010 ~ 7 + 059	200 ~ 160	无深槽，河底平整，设透水坝	边坡绿植，主流迂回，滩地适当绿植	
	7 + 059 ~ 8 + 052	175 ~ 160	开挖底宽 20m 深槽，河底平整，设护村埝	边坡绿植，主流迂回，滩地适当绿植	
	8 + 052 ~ 13 + 022	165 ~ 110	开挖底宽 20m 深槽，河底平整，设透水坝，设护村埝	边坡绿植，主流迂回，	
	13 + 022 ~ 16 + 044	约 100	开挖底宽 20m 深槽，河底平整，设护村埝	边坡绿植	
	16 + 044 ~ 19 + 055	100 ~ 80	开挖底宽 20m 深槽，河底平整，设透水坝，设护村埝	边坡绿植	
	19 + 055 ~ 24 + 144	85 ~ 60	开挖底宽 20m 深槽，河底平整，设透水坝，设护路浆砌石挡墙	边坡绿植	
头道沟支流	TD0 + 000 ~ TD10 + 000	30 ~ 50	开挖底宽 8m 深槽，河底平整，设透水坝设护村埝	边坡绿植	
勃塘沟支流	BT0 + 000 ~ BT3 + 550	50 ~ 80	开挖底宽 8m 深槽，河底平整，设透水坝	边坡绿植主流迂回	
梁家湾支流	LJ0 + 000 ~ LJ1 + 700	40 ~ 60	开挖底宽 8m 深槽，河底平整，设透水坝	边坡绿植	
贾家河支流	JJ0 + 000 ~ JJ1 + 800	30 ~ 50	开挖底宽 8m 深槽，河底平整，设透水坝	边坡绿植	
程家沟支流	CJ0 + 000 ~ CJ1 + 600	30 ~ 50	开挖底宽 8m 深槽，河底平整，设透水坝	边坡绿植	

表 5 - 14　东洋河透水坝布设位置和坝长

序号	河道名称	治理段中心桩号	坝长(m)	备注
1	东洋河(11 处)	1 + 442	222	东洋河战王马段
2		3 + 237	157	东洋河大秦铁路下游 S363 公路桥
3		5 + 191	128	东洋河承秦高速 S52 上游安屯村桥
4		6 + 055	130	东洋河安屯村桥上游
5		6 + 412	131	东洋河宣各寨浆砌石拱桥
6		8 + 597	99	东洋河单庄桥勃塘沟上游
7		10 + 953	120	东洋河王各庄桥冰糖峪上游
8		16 + 876	64	马坊西沟与马家黑石上游
9		18 + 874	84	小岭上游
10		21 + 822	27	柳树沟上游
11		22 + 875	46	东洋河界岭口长城上游
12	头道河(5 处)	TD9 + 134	46	猩猩峪上游
13		TD4 + 989	80	田家庄上游
14		TD3 + 164	52	庞各庄上游
15		TD2 + 061	66	
16		TD0 + 117	189	头道沟与东洋河交叉口上游
17	程家沟(2 处)	CJ0 + 000	43	程家沟与东洋河交叉口上游
18		CJ0 + 744	87	柳树沟上游
19	贾家河(2 处)	JJ0 + 000	42	贾家河与东洋河交叉口上游
20		JJ0 + 700	42	郭家场上游
21	梁家湾(2 处)	LJ0 + 000	56	梁家湾与东洋河交叉口上游
22		LJ1 + 446	90	梁家湾上游
23	勃塘沟(3 处)	BT0 + 260	242	勃塘沟与东洋河交叉口上游
24		BT1 + 680	195	单庄上游
25		BT2 + 750	210	张各庄上游

表 5 –15　西洋河河道治理主要工程措施

河道名称	治理分段桩号	河道底宽（m）	工程措施	绿植措施	备注
西洋河干流	12 + 400 ~ 2 + 400		本次土建工程增设透水坝	绿植措施	本段土建已施工完毕
	西 2 + 599 ~ 西 0 + 000		本次未增设土建工程措施	绿植措施	
	XYH0 + 000 ~ XYH – 1 + 120	60 ~ 100	开挖底宽 20m 深槽,河底平整,设透水坝	边坡绿植	
	XYH – 1 + 120 ~ XYH – 1 + 195	40 ~ 80	开挖底宽 20m 深槽,河底平整	边坡绿植	染庄段
	XYH – 1 + 195 ~ XYH – 2 + 110	80 ~ 200	开挖底宽 20m 深槽,河底平整	边坡绿植,主流迂回,滩地适当绿植	
干涧河支流	GJ0 + 000 ~ GJ2 + 860	>80	开挖底宽 10m 深槽,河底平整,设透水坝	边坡绿植,主流迂回,滩地适当绿植	
兴隆河支流	XL0 + 000 ~ XL0 + 600	>100	开挖底宽 10m 深槽,河底平整,设护村埝	边坡绿植,主流迂回,滩地适当绿植	
	XL0 + 600 ~ XL1 + 250	40 ~ 60	开挖底宽 10m 深槽,河底平整,设护村埝	边坡绿植	北花台和东花台间
	XL1 + 250 ~ XL3 + 850	>100	开挖底宽 10m 深槽,河底平整,设透水坝	边坡绿植,主流迂回,滩地适当绿植	
	XL3 + 850 ~ XL4 + 600	60 ~ 100	开挖底宽 10m 深槽,河底平整,设透水坝	边坡绿植,主流迂回	太平庄和耿各庄间

河道名称	治理分段桩号	河道底宽（m）	工程措施	绿植措施	备注
燕河支流	YH0 +000 ~ YH2 +400	>70	开挖底宽10m深槽，河底平整，设透水坝，设护村埝	边坡绿植，主流迁回，滩地适当绿植	
	YH2 +400 ~ YH3 +300	30 ~ 50	开挖底宽10m深槽，河底平整，设透水坝设护村埝	边坡绿植	城柏庄段
	YH3 +300 ~ YH4 +200	60 ~ 100	开挖底宽10m深槽，河底平整	边坡绿植，主流迁回	
四各庄河支流	SG0 +000 ~ SG3 +400	20 ~ 50	开挖底宽10m深槽，河底平整，设透水坝	边坡绿植	
双望河支流	双0 +000 ~ 双10 +014		本次土建工程增设透水坝	绿植措施	

表5 –16　西洋河干支流治理段透水坝布设位置和坝长

编号	河道名称	治理段中心桩号	坝长(m)	备注
1	西洋河(6处)	XYH1 +080	38	染庄上游
2		11 +700	76	良仁庄东桥
3		10 +276	45	河南庄桥
4		8 +840	75	东花台南桥
5		7 +832	70	西花台桥
6		4 +655	40	燕窝庄桥
7	四各庄河(1处)	SG2 +060	35	郑各庄上游
8	燕河(2处)	YH0 +260	40	燕窝庄上游
9		YH3 +290	40	城柏庄上游
10	兴隆河(2处)	XL1 +285	40	北花台上游
11		XL4 +005	40	耿各庄桥
12	双望(3处)	双9 +304	35	后官地
13		双8 +270	18	前官地
14		双5 +390	19	杨家峡

表 5 – 17　迷雾河、麻姑营河河道治理主要工程措施

河道名称	治理分段桩号	河道底宽（m）	工程措施	绿植措施	备注
迷雾河	MW0 + 000 ~ MW1 + 800	>80	开挖底宽 10m 深槽，河底平整，设透水坝，设护村埝	边坡绿植，主流迂回，滩地适当绿植	
麻姑营河	MH0 + 000 ~ MH2 + 050	>70	开挖底宽 10m 深槽，河底平整，设透水坝，设护村埝	边坡绿植，主流迂回，滩地适当绿植	

表 5 – 18　迷雾河、麻姑营河透水坝布设位置和坝长

编号	河道名称	治理段中心桩号	坝长（m）	备注
1	迷雾河	MW1 + 041	55	大秦铁路
2	（2 处）	MW0 + 673	55	S363 省道
1	麻姑营河	MH1 + 202	121	S363 省道
2	（3 处）	MH0 + 602	126	麻姑营村南
3		MH0 + 132	138	入库口

（三）植物措施

1. 洋河水库水生植物现状

洋河水库现有大型水生植物 22 种，其中湿生植物与挺水植物 8 种（较少分布着苔草、两栖蓼、水葱，零星存在着芦苇、香蒲、莎草、莲、萤蔺），浮叶植物 3 种（较少分布着荇菜、菱，零星存在浮萍），沉水植物 10 种（极多分布菹草，较多分布狐尾藻，较少分布马来眼子菜、微齿眼子菜、苦草，零星分布着金鱼藻、轮叶黑藻、角茨藻、尖叶眼子菜、篦齿眼子菜），大型藻类 1 种（较少分布轮藻）。

（1）沉水植物和浮叶植物。沉水植物以菹草为绝对优势种，其生长规律为 7 – 8 月发芽，秋季开始生长，冬季长至 0.3 ~ 1m 并在冰层下越冬，转年 3 月底进入快速生长期，4 月生长最旺盛，到五月中旬以后开始集中死亡。

夏季洋河水库主要沉水植物为微齿眼子菜、狐尾藻和马来眼子菜，主要浮叶植物为荇菜和菱。

（2）挺水植物。洋河水库主要挺水植物为野生的芦苇和香蒲以及人工种植的莲。芦苇的生长特点是从水边深度适宜的区域开始生长，并随着洋河水库水位的降低向水库内或者地势低的地方扩张；香蒲的生长特点是集中生长在地势低洼的地方，生长香蒲的区域往往地势低于周边区域，形成局部的水坑或洼地。

2. 水生植物选择

本设计依据"因地制宜、适地适种、乡土种优先"的原则选择水生植物种。为了强化湿地处理系统的净化效率,在水生植物的选择上主要挑选具有较强水质净化能力、繁殖能力强、栽培容易,具有较好经济利用价值的水生植物种类,为获得较高的生存性,优先选择水库中现有生存的种类。

根据水库水生植物生长状况,结合工程区域立地条件,结合植物净水能力,优先考虑洋河水库乡土物种,兼顾植物的经济价值,最终选定以下植物。

沉水植物:菹草、苦草、狐尾藻、微齿眼子菜和马来眼子菜;

浮水植物:荇菜和丘角菱;

挺水植物:香蒲、芦苇、黄菖蒲、水葱和荷花。

3. 本地主要水生植物

(1)芦苇。[学名:Phragmites australis(Cav.)Trin. ex Steu]多年水生或湿生的高大禾草,生长在灌溉沟渠旁、河堤沼泽地等,世界各地均有生长,芦叶、芦花、芦茎、芦根、芦笋均可入药。芦茎、芦根还可以用于造纸行业,以及生物制剂。经过加工的芦茎还可以做成工艺品。古时古人用芦苇制扫把。芦苇是湿地环境中生长的主要植物之一。

芦苇生在浅水中或低湿地,新垦麦田或其他水田、旱田易受害。芦苇具有横走的根状茎,在自然生境中以根状茎繁殖为主,根状茎纵横交错形成网状,甚至在水面上形成较厚的根状茎层,人、畜可以在上面行走。根状茎具有很强的生命力,能较长时间埋在地下,1m甚至1m以上的根状茎,一旦条件适宜,仍可发育成新枝。也能以种子繁殖,种子可随风传播。

对水分的适应幅度很宽,从土壤湿润到长年积水,从水深几cm至1m以上,都能形成芦苇群落。在水深20~50cm,流速缓慢的河、湖,可形成高大的禾草群落,素有"禾草森林"之称。

在华北平原白洋淀地区发芽期4月上旬,展叶期5月初,生长期4月上旬至7月下旬,孕穗期7月下旬至8月上旬,抽穗期8月上旬到下旬,开花期8月下旬至9月上旬,种子成熟期10月上旬,落叶期10月底以后。上海地区3月中、下旬从地下根茎长出芽,4–5月大量发生,9–10月开花,11月结果。在黑龙江5–6月出苗,当年只进行营养生长,7–9月形成越冬芽,越冬芽于5–6月萌发,7–8月开花,8–9月成熟。

芦苇耐污能力、净化能力强,具有净化水中的悬浮物、氯化物、有机氮、硫酸盐的能力,能吸收汞和铅,对水体中磷去除率为65%。根据《人工湿地配置与管理》,该植物适宜的栽植密度为10~12丛/m²,3~5株/丛。

图 5-8　芦苇

(2)水葱。(学名:Scirpus validus Vahl),匍匐根状茎粗壮,具许多须根。秆高大,圆柱状,最上面一个叶鞘具叶片。叶片线形。苞片 1 枚,为秆的延长,直立,钻状,常短于花序,极少数稍长于花序;长侧枝聚繖花序简单或复出,假侧生;小穗单生或 2~3 个簇生于辐射枝顶端,卵形或长圆形,顶端急尖或钝圆,具多数花;鳞片椭圆形或宽卵形,顶端稍凹,具短尖,膜质;雄蕊 3,花药线形,药隔突出;花柱中等长,柱头 2,罕 3,长于花柱。小坚果倒卵形或椭圆形,双凸状,少有三棱形,长约 2mm。花果期 6-9 月。

匍匐根状茎粗壮,具许多须根。秆高大,圆柱状,高 1~2m,平滑,基部具 3~4 个叶鞘,鞘长可达 38cm,管状,膜质,最上面一个叶鞘具叶片。叶片线形,长 1.5~11cm。苞片 1 枚,为秆的延长,直立,钻状,常短于花序,极少数稍长于花序;长侧枝聚繖花序简单或复出,假侧生,具 4~13 或更多个辐射枝;辐射枝长可达 5cm,一面凸,一面凹,边缘有锯齿。

小穗单生或 2~3 个簇生于辐射枝顶端,卵形或长圆形,顶端急尖或钝圆,长 5~10mm,宽 2~3.5mm,具多数花;鳞片椭圆形或宽卵形,顶端稍凹,具短尖,膜质,长约 3mm,棕色或紫褐色,有时基部色淡,背面有铁锈色突起小点,脉 1 条,边缘具缘毛;下位刚毛 6 条,等长于小坚果,红棕色,有倒刺;雄蕊 3,花药线形,药隔突出;花柱中等长,柱头 2,罕 3,长于花柱。小坚果倒卵形或椭圆形,双凸状,少有三棱形,长约 2mm。花果期 6~9 月。

产于中国东北各省、内蒙古、山西、陕西、甘肃、新疆、河北、江苏、贵州、四川、云南;也分布于朝鲜、日本,澳洲、南北美洲。生长在湖边、水边、浅水塘、沼泽地或湿地草丛中。最佳生长温度 15~30℃,10℃以下停止生长。能耐低温,北方大部分地区可露地越冬。根据《人工湿地配置与管理》,该植物适宜的栽植密度为 8 ~ 10 <u>丛</u>/m²,6 ~ 8 株/<u>丛</u>。

图 5 - 9 水葱

(3)荷花,荷花是多年生水生草本;根状茎横生,肥厚,节间膨大,内有多数纵行通气孔道,节部缢缩,上生黑色鳞叶,下生须状不定根。

叶圆形,盾状,直径 25 ~ 90cm,表面深绿色,被蜡质白粉覆盖,背面灰绿色,全缘稍呈波状,上面光滑,具白粉,下面叶脉从中央射出,有 1 ~ 2 次叉状分枝;叶柄粗壮,圆柱形,长 1 ~ 2m,中空,外面散生小刺。花梗和叶柄等长或稍长,也散生小刺;叶柄圆柱形,密生倒刺。

花单生于花梗顶端、高托水面之上,花直径 10 ~ 20cm,美丽,芳香;有单瓣、复瓣、重瓣及重台等花型;花色有白、粉、深红、淡紫色、黄色或间色等变化;荷叶矩圆状椭圆形至倒卵形,长 5 ~ 10cm,宽 3 ~ 5cm,由外向内渐小,有时变成雄蕊,先端圆钝或微尖,雄蕊多数;雌蕊离生,埋藏于倒圆锥状海绵质花托内,花托表面具多数散生蜂窝状孔洞,受精后逐渐膨大称为莲蓬,每一孔洞内生一小坚果(莲子);花药条形,花丝细长,着生在花托之下;花柱极短,柱头顶生;花托(莲房)直径 5 ~ 10cm。

坚果椭圆形或卵形,长 1.8 ~ 2.5cm,果皮革质,坚硬,熟时黑褐色;种子(莲子)卵形或椭圆形,长 1.2 ~ 1.7cm,种皮红色或白色。花期 6 ~ 9 月,每日晨开暮闭。果期 8 ~ 10 月。荷花栽培品种很多,依用途不同可分为藕莲、子莲和花莲三大系统。

荷花是最古老的双子叶植物之一,同时又具有单子叶植物的某些特征。荷花的胚芽被鳞片包裹着,和单子叶植物相似。从花的结构看,荷花具有 3、4 层花被,外轮萼片状,内轮花瓣状,雄蕊多数,雌蕊离生,花粉粒为单沟舟形。莲的茎有明显的分节现象,地下茎节长满须根。这些都是单子叶植物的特征。荷花的芽为混合芽,人们所见的莲芽,是藕的顶芽以及各节腋芽的位置。根分为种子根和不定根两种,播种所出的由种子的胚根所形成的主根不发达,发挥功能作用的是不定根。荷花的茎就是藕,是荷花的地下根状茎,是荷花储藏养分和供繁殖的器官。荷花的花单生,两性,由花萼、花冠、雄蕊群、雌蕊群、花托、花柄等六部分组成。品种多样,花色丰富。

荷花一般分布在中亚、西亚、北美,印度、中国、日本等亚热带和温带地区。荷花在中国南起海南岛(北纬19°左右),北至黑龙江的富锦(北纬47.3°),东临上海及台湾省,西至天山北麓,除西藏自治区和青海省外,全国大部分地区都有分布。垂直分布可达海拔2000m,在秦岭和神农架的深山池沼中也可见到。根据《人工湿地配置与管理》,该植物适宜的栽植密度为1株/m²。

图5-10 荷花

(4)菖蒲。菖蒲是多年生草本植物。根茎横走,稍扁,分枝,直径5~10mm,外皮黄褐色,芳香,肉质根多数,长5~6cm,具毛发状须根。叶基生,基部两侧膜质叶鞘宽4~5mm,向上渐狭,至叶长1/3处渐行消失、脱落。叶片剑状线形,长90~150 cm,中部宽1~3cm,基部宽、对褶,中部以上渐狭,草质,绿色,光亮;中肋在两面均明显隆起,侧脉3-5对,平行,纤弱,大都伸延至叶尖。花序柄三棱形,长15~50cm;叶状佛焰苞剑状线形,长30~40cm;肉穗花序斜向上或近直立,狭锥状圆柱形,长4.5~8cm,直径6~12mm。

花黄绿色,花被片长约2.5mm,宽约1mm;花丝长2.5mm,宽约1mm;子房长圆柱形,长3mm,粗1.25mm。浆果长圆形,红色。花期2—9月。生于海拔1500~2600m的水边、沼泽湿地或湖泊浮岛上,也常有栽培。最适宜生长的温度20~25℃,10℃以下停止生长。冬季以地下茎潜入泥中越冬。喜冷凉湿润气候,阴湿环境,耐寒,忌干旱。原产中国及日本。广布世界温带、亚热带。南北两半球的温带、亚热带都有分布。分布于我国南北各地。

菖蒲是园林绿化中,常用的水生植物,其丰富的品种,较高的观赏价值,在园林绿化中,得以充分应用。菖蒲叶丛翠绿,端庄秀丽,具有香气,适宜水景岸边及水体绿化,也可盆栽观赏或作布景用。叶、花序还可以作插花材料。园林上丛植于湖,塘岸边,或点缀于庭园水景和临水假山一隅,有良好的观赏价值。

图 5-11 菖蒲

4. 水生植物的去污能力

参考《人工湿地植物筛选及其对富营养化污水的净化效果研究》《11种湿地植物在污水中的生长特性及其对水质的净化作用研究》成果,可以获得各水生植物对 TN、TP、COD 以及 NH_3-N 的去除效率,详见表5-19。实验是静态培养,每隔15天进行取样测定各污染物浓度。

表 5 – 19　水生植物对污染元素的去除速率

		初始浓度（mg/L）	最终浓度（mg/L）	时间（d）	去除速率（mg/m2 * d）
静态试验 TP 去除					
	种类	初始浓度（mg/L）	最终浓度（mg/L）	时间（d）	去除速率（mg/m2 * d）
1	芦苇	3.91	0.071	75	81.41
2	水葱	3.91	0.32	75	76.13
3	荷花	3.91	0.37	75	75.07
4	菖蒲	3.91	0.325	75	76.02
静态试验 TN 去除					
	种类	初始浓度（mg/L）	最终浓度（mg/L）	时间（d）	去除速率（mg/m2 * d）
1	芦苇	31.88	1.59	75	802.92
2	水葱	31.88	3.01	75	765.28
3	荷花	31.88	2.221	75	786.19
4	菖蒲	31.88	1.99	75	792.31
静态试验 NH3 – N 去除					
	种类	初始浓度（mg/L）	最终浓度（mg/L）	时间（d）	去除速率（mg/m2 * d）
1	芦苇	23.62	0.69	75	486.26
2	水葱	23.62	1.66	75	465.69
3	荷花	23.62	1.31	75	473.11
4	菖蒲	23.62	0.96	75	480.53
静态试验 COD 去除					
	种类	初始浓度（mg/L）	最终浓度（mg/L）	时间（d）	去除速率（mg/m2 * d）
1	芦苇	178.94	25.01	75	4080.32
2	水葱	178.94	28.74	75	3981.44
3	荷花	178.94	28.11	75	3998.14
4	菖蒲	178.94	37.35	75	3753.21

　　从上表可以知道,芦苇对 TN 以及 COD 的去除效率最高,水葱次之。众多资料证明水生植物对污染物的去除效果最为直接,也是最有效的。水生植物大致可区分为四类:挺水植物、沉水植物、浮叶植物与漂浮植物。而大型水生植物是除小型藻类以外所有水生植物类群。水生植物是水生态系统的重要组成部分和主要的初级生产者,对生态系统物质和能量的循环和传递起调控作用。它还可固定水中的悬浮物,并可起到潜在的去毒作用。

水生植物在环境化学物质的积累、代谢、归趋中的作用也是不可忽视的。用水生植物来监测水生污染、对污染物进行生态毒理学评价及其进入生物链以后的生物积累、修饰和转运,对植物生态的保护和人畜健康方面有非常重要的意义。

5. 河道生态植物布置

河道迎水坡 3 年一遇水位以上可种植紫穗槐等多年生的木本植物,河道背水坡可种植当地生长的各种草,形成草皮,坡脚以外可根据地形条件、场区大小种植柳树、杨树等当地树种。

河道水域区、经常上水的滩地等区域,应根据植物的生长习性在相应的水域深度对植物进行立体布置,植物栽植密度参照表 5－20,为保证植物成活率,单丛株数不宜过低。

表 5－20　水生植物种植密度表

植物种类	植物名称	栽植密度		单丛株数		综合密度
		推荐	设计	推荐	设计	
挺水植物	芦苇	10～12 丛/m²	10 丛/m²	3～5 株/丛	3 株/丛	30 株/m²
	香蒲	7～10 株/m²	8 株/m²	—	—	8 株/m²
	荷花	1 株/m²	1 株/m²	—	—	1 株/m²
	水葱	8～10 丛/m²	9 丛/m²	6～8 株/丛	6 株/丛	50 株/m²
	菖蒲	8～10 丛/m²	3 丛/m²	10～12 株/丛	10 株/丛	30 株/m²
浮叶植物	丘角菱	4～6 株/m²	5 株/m²	—	—	5 株/m²
	荇菜	30～40 株/m²	30 株/m²	—	—	30 株/m²
沉水植物	菹草	10～12 丛/m²	3 丛/m²	4～6 株/丛	4 株/丛	12 株/m²
	苦草	8～10 丛/m²	10 丛/m²	3～5 株/丛	4 株/丛	40 株/m²
	狐尾藻	—	8 株/m²	—	—	8 株/m²
	马来眼子菜	4～6 丛/m²	5 丛/m²	5～7 株/丛	6 株/丛	30 株/m²
	微齿眼子菜	4～6 丛/m²	5 丛/m²	5～7 株/丛	6 株/丛	30 株/m²

表 5 - 21　植物配置详表

水系	位置	区域面积（m²）	植物种类	植物	种植面积（m²）
东洋河	东洋河战王马段	22200	挺水植物	芦苇	13320
	东洋河大秦铁路下游 S363 公路桥	15700		芦苇	9420
	东洋河承秦高速 S52 上游安屯村桥	12800		菖蒲	7680
	东洋河安屯村桥上游	13000		菖蒲	7800
	东洋河宣各寨浆砌石拱桥	13100		香蒲	7860
	东洋河单庄桥勃塘沟上游	9900		香蒲	5940
	东洋河王各庄桥冰糖峪上游	12000		香蒲	7200
	马坊西沟与马家黑石上游	6400		香蒲	3840
	小岭上游	8400		香蒲	5040
	柳树沟上游	2700		香蒲	1620
	东洋河界岭口长城上游	4600		香蒲	2760
	猩猩峪上游	4600		香蒲	2760
	田家庄上游	8000		香蒲	4800
	庞各庄上游	5200		菖蒲	3120
	秦承高速桥段	6600		菖蒲	3960
	头道沟与东洋河交叉口上游	18900		水葱	11340
	程家沟与东洋河交叉口上游	4300		香蒲	2580
	柳树沟上游	8700		水葱	5220
	贾家河与东洋河交叉口上游	4200		芦苇	2520
	郭家场上游	4200		香蒲	2520
	梁家湾与东洋河交叉口上游	5600		芦苇	3360
	梁家湾上游	9000		水葱	5400
	勃塘沟与东洋河交叉口上游	24200		水葱	14520
	单庄上游	19500		香蒲	11700
	张各庄上游	21000		香蒲	12600
	植物护坡（干流及各支流）	163600	灌木	紫穗槐	24540
			草本植物	黑麦草	49080
				高羊茅	32720

水系	位置	区域面积（m²）	植物种类	植物	种植面积（m²）
西洋河	良仁庄东桥	7600	挺水植物	香蒲	4560
	河南庄桥	4500		香蒲	2700
	东花台南桥	7500		香蒲	4500
	西花台桥	7000		香蒲	4200
	燕窝庄桥	4000		香蒲	2400
	后官地	3500		香蒲	2100
	前官地	1800		香蒲	1080
	杨家峡	1900		香蒲	1140
	染庄上游	3800		香蒲	2280
	郑各庄上游	3500		菖蒲	2100
	燕窝庄上游	4000		菖蒲	2400
	城柏庄上游	4000		菖蒲	2400
	北花台上游	4000		水葱	2400
	耿各庄桥	4000		水葱	2400
	平坊店	4000		水葱	2400
	植物护坡（干流及各支流）	148800	灌木	紫穗槐	22320
			草本植物	黑麦草	66960
麻姑营河	大秦铁路桥段	6550	挺水植物	水葱	3930
	冬暖庄桥	6550		水葱	3930
	麻姑营桥	7005		菖蒲	4203
	植物护坡（干流及各支流）	9080	灌木	紫穗槐	1380
			草本植物	黑麦草	4086
迷雾河	野各庄桥	6500	挺水植物	菖蒲	3900
	三扶线桥	6800		菖蒲	4080
	大秦铁路桥段	7000		菖蒲	4200
	植物护坡（干流及各支流）	9280	灌木	紫穗槐	1380
			草本植物	黑麦草	2506
				高羊茅	1670
库区周边	水库周边 56～58m 范围内	80000	乔木	垂柳	20000

河道生态综合整治工程位置，详见图 5 – 12。

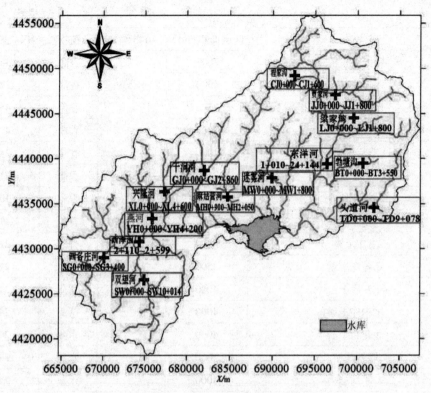

图 5－12　河道治理工程位置示意图

第五节　流域纳污能力分析

按前述第三章计算方法,根据流域内各河道现状及治理后的生态环境条件,分别计算河道治理前后流域各单元、沿河各段的污染物承载能力,其成果见表 5－22。

表 5－22　河道生态治理前后各单元水域纳污能力对照表

单元	治理前水域纳污能力(t/a)				治理后水域纳污能力(t/a)			
	TN	TP	COD	NH_3-N	TN	TP	COD	NH_3-N
1	1.63	0.16	47.83	1.95	2.36	0.23	69.28	2.82
2	1.25	0.12	36.77	1.50	1.81	0.18	53.26	2.17
3	2.60	0.26	76.58	3.11	3.77	0.37	110.92	4.51
4	15.16	1.48	597.22	17.97	18.68	1.83	724.65	22.25
5	51.75	4.97	1312.26	61.28	81.32	7.14	1914.31	96.86
6	1.77	0.18	52.07	2.12	2.56	0.25	75.42	3.07
7	83.85	6.26	1674.19	77.76	111.65	9.08	3339.91	132.11

单元	治理前水域纳污能力（t/a）				治理后水域纳污能力（t/a）			
	TN	TP	COD	NH_3-N	TN	TP	COD	NH_3-N
8	2.82	0.28	82.96	3.37	4.09	0.40	120.16	4.89
9	1.38	0.14	40.54	1.65	2.00	0.20	58.72	2.39
10	106.24	8.76	2339.52	109.88	155.59	12.80	4654.47	181.55
11	79.85	7.84	2368.27	94.71	96.16	9.46	3899.45	114.17
12	2.28	0.23	67.17	2.73	3.31	0.33	97.28	3.96
13	3.32	0.33	97.72	3.97	4.81	0.48	141.55	5.76
14	211.38	18.60	4946.15	225.40	327.27	26.61	9845.67	383.56
15	282.14	23.03	6275.72	284.52	413.09	33.40	12461.65	482.00
16	0.96	0.10	28.34	1.15	1.40	0.14	41.05	1.67
17	1.00	0.10	29.34	1.19	1.45	0.14	42.50	1.73
18	1.20	0.12	35.25	1.43	1.74	0.17	51.06	2.08
19	289.14	25.24	6621.63	312.52	452.45	36.36	13498.25	523.95
20	1.59	0.16	46.70	1.90	2.30	0.23	67.64	2.75
…	…	…	…	…	…	…	…	…
222	142.18	11.36	2990.72	141.40	202.47	16.39	6023.42	233.53
223	2.34	0.23	68.83	2.80	3.39	0.34	99.69	4.05
224	1.21	0.12	35.70	1.45	1.76	0.17	51.71	2.10
225	1.37	0.14	40.30	1.64	1.98	0.20	58.37	2.37
226	7.38	0.73	217.06	8.83	10.69	1.06	314.39	12.79
227	2.39	0.24	70.29	2.86	3.46	0.34	101.80	4.14
228	2.51	0.25	73.83	3.00	3.64	0.36	106.94	4.35
229	3.55	0.35	104.37	4.24	5.14	0.51	151.17	6.15
230	106.07	8.51	2243.46	105.48	152.73	12.19	4518.40	178.57
231	23.92	2.34	949.46	28.35	66.37	5.27	1969.15	76.65
232	1.04	0.10	30.58	1.24	1.51	0.15	44.29	1.80
233	11.23	1.10	424.40	13.35	42.16	3.70	1372.35	50.10
234	1.62	0.16	47.65	1.94	2.35	0.23	69.02	2.81
235	2.30	0.23	67.52	2.75	3.33	0.33	97.79	3.98
236	5.25	0.52	154.42	6.28	7.60	0.75	223.67	9.10
237	74.51	5.69	1538.50	70.34	101.31	8.33	3073.66	119.99

表5-23 河道生态治理前后各沟口水域纳污能力对照表

沟口	水系	治理前水域纳污能力（t/a）				治理后水域纳污能力（t/a）			
		TN	TP	COD	NH_3-N	TN	TP	COD	NH_3-N
陈家沟	1	79.85	7.84	2368.27	94.71	96.16	9.46	3899.45	114.17
贾家河	1	181.60	13.92	3693.46	170.57	247.64	20.05	7429.34	293.47
梁家湾	1	154.16	12.54	3418.03	155.47	225.96	18.26	6778.89	263.33
勃塘口	1	812.24	73.64	19431.8	910.94	1322.44	106.63	39673.08	1542.39
头道沟	1	217.74	18.84	5118.59	232.80	337.09	27.42	10169.51	394.92
迷雾河	2	120.55	8.89	2346.89	110.98	160.31	13.00	4849.46	188.05
干涧河	4	135.28	12.78	3449.94	156.00	225.40	18.36	6876.95	266.27
兴隆河	4	177.37	11.10	3004.95	137.81	198.97	16.10	5985.81	233.46
燕河	4	184.37	14.97	4007.08	186.44	269.97	21.76	8031.48	310.51
冯家沟	4	233.94	12.89	3480.20	161.30	234.30	18.69	7045.41	272.52
双旺河	4	344.56	27.63	7487.51	344.56	489.25	40.01	14594.97	578.67
四各庄河	4	144.16	13.75	3656.76	169.74	245.86	19.81	7334.55	284.28
麻姑营河	3	273.48	20.84	5632.82	257.63	374.09	30.02	11034.92	437.73

注：1表示东洋河水系，2表示迷雾河水系，3表示麻姑营河水系，4表示西洋河水系。

经过河道治理后各单元水域纳污能力如图5-13~图5-16所示。

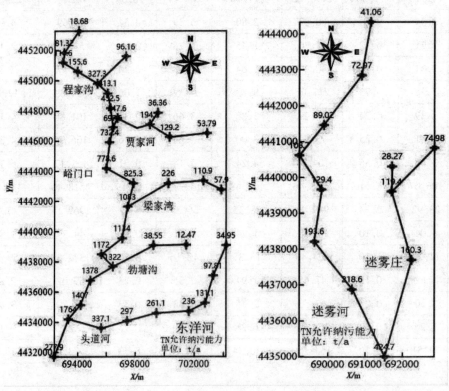

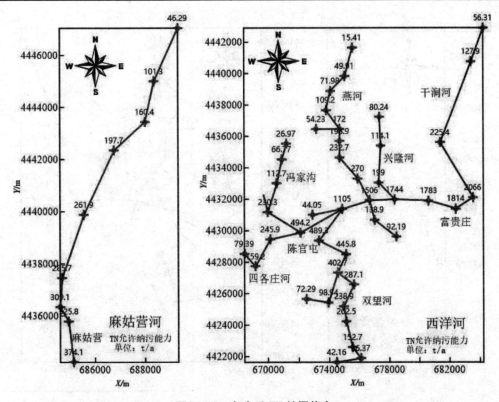

图 5 – 13　各水系 TN 纳污能力

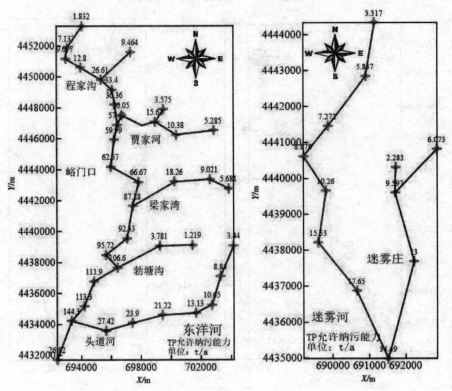

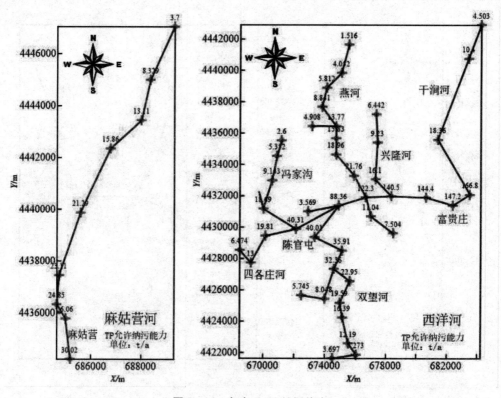

图 5 - 14 各水系 TP 纳污能力

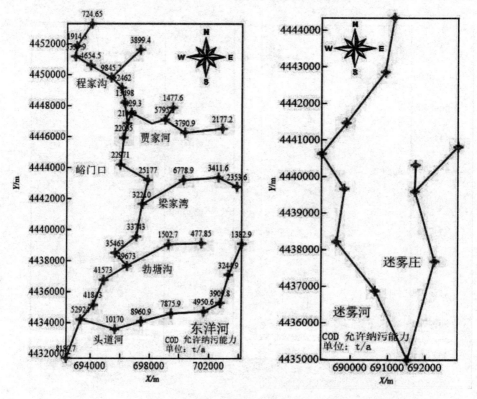

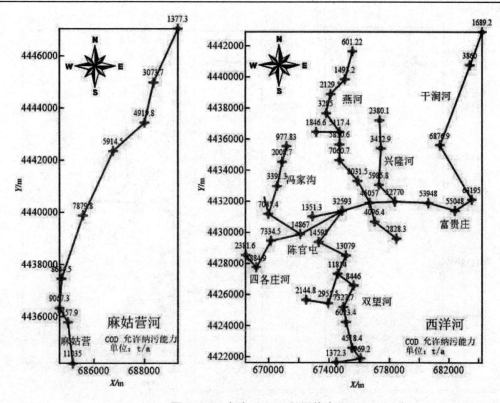

图 5-15　各水系 COD 纳污能力

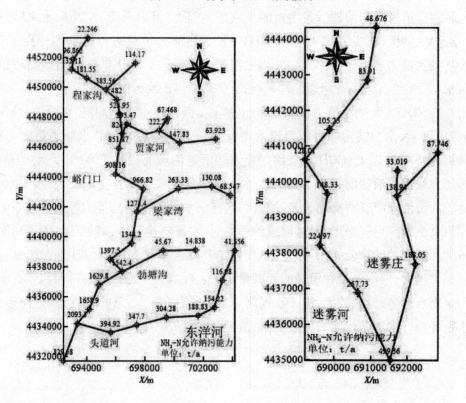

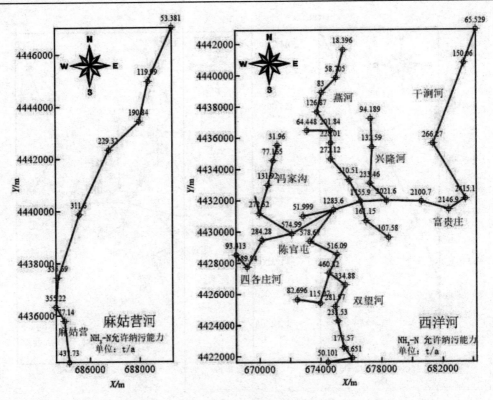

图 5 – 16　各水系 NH3 – N 纳污能力

比较河道治理前与治理后各沟口的水域纳污能力,可以看出,东洋河水系陈家沟、贾家河、梁家湾、勃塘口、头道沟 TN、TP、NH3 – N 纳污能力较河道治理前均提高了 20% 以上,COD 纳污能力提高了 65% 以上;其中贾家河、勃塘口 COD 纳污能力提高一倍以上。迷雾河水系 TN 纳污能力较河道治理前提高了 33%,TP 纳污能力提高了 46%,COD 提高了一倍左右,NH3 – N 纳污能力提高了 70% 以上。西洋河水系干涧河、兴隆河、燕河、双旺河、四各庄河 TN 水域纳污能力较河道治理前提高了 20% 以上,TP 水域纳污能力较河道治理前提高了 40% 以上,COD 水域纳污能力较河道治理前提高了 90% 以上,NH3 – N 水域纳污能力较河道治理前提高了 60% 以上。麻姑营河水系没有支流汇入,整个水系的纳污能力较河道治理前有所提高。通过对比,西洋河水系整体纳污能力较其他水系大,首先是西洋河水系地区地势平坦,经过河道治理之后,水流流速较缓,增加了水力停留时间,根据水域纳污能力的计算公式(3 – 17),以及污染物综合衰减系数 k 的计算方法,可以看出流速越小 k 越大,即污染物在河道的衰减量越大。还有一个原因是西洋河水系支流较多,所以水量汇入较多,流量较大,进一步提高了水域纳污能力。总的来看,经过河道治理之后各水系各沟口水域纳污能力显著提高,治理效果较好。

表5－24 治理效果对比表

污染物措施	TN	TP	COD	NH3－N
现状条件下	仅有4个单元达到Ⅲ类标准,其余单元污染物超标严重,远远达不到相应的水质标准	上游少数单元水质污染物浓度超标,其余单元水质达到Ⅲ类标准	所有单元水质COD含量达到Ⅲ类及以上标准	除了迷雾河水系上游地区少数单元、沟口水质超标,其他单元均达到Ⅲ类及以上标准
污染物源头治理以及河道工程措施	除了少数单元浓度依然超高Ⅱ类标准,绝大多数单元(占单元总数88%)达到Ⅱ类及以上标准	所有单元水质达到Ⅱ类及以上标准	所有单元水质COD含量达到Ⅱ类及以上标准	所有单元水质达到Ⅱ类及以上标准

第六节 河道生态治理后各单元(沟口)水质分析

经过河道工程及湿地治理后各单元水质评价,如表5－25所示。表中0表示直接入库单元,1表示东洋河水系,2表示迷雾河水系,3表示麻姑营河水系,4表示西洋河水系。西洋河水系入库河口位于178号单元,麻姑营河水系入库河口位于163号单元,迷雾河水系入库河口位于175号单元,东洋河水系入库河口位于188号单元。表中单元带星号(＊)表示沟口所在位置,东洋河水系主要沟口位置,11号单元为陈家沟,25号为贾家河,57号为梁家湾,119号为勃塘口,165号为头道沟;迷雾河水系沟口为128号单元;西洋河水系主要沟口位置,162号为干涧河,170号为兴隆河,168号为燕河,190号为冯家沟,205号为双旺河,189号为四各庄河,麻姑营河水系只有入库河口。

表5－25 经过河道工程及湿地治理后各单元水质评价表(Ⅱ类水质标准)

单元	水系	TN浓度(mg/L)	Ⅱ类水质标准	达标/超标
1	1	0.68	0.5	超标
2	1	0.44	0.5	达标
3	1	0.66	0.5	超标
4	1	0.70	0.5	超标
5	1	0.64	0.5	超标
6	1	0.51	0.5	超标

单元	水系	TN 浓度（mg/L）	Ⅱ类水质标准	达标/超标
7	1	0.60	0.5	超标
8	1	0.56	0.5	超标
9	1	0.37	0.5	达标
10	1	0.48	0.5	达标
11 *	1	0.35	0.5	达标
12	1	0.62	0.5	超标
13	1	0.18	0.5	达标
14	1	0.41	0.5	达标
15	1	0.33	0.5	达标
16	1	0.56	0.5	超标
17	3	0.31	0.5	达标
18	3	0.46	0.5	达标
19	1	0.20	0.5	达标
20	1	0.13	0.5	达标
21	1	0.33	0.5	达标
22	1	0.07	0.5	达标
23	1	0.23	0.5	达标
24	1	0.30	0.5	达标
25 *	1	0.17	0.5	达标
26	1	0.07	0.5	达标
27	1	0.19	0.5	达标
28	1	0.10	0.5	达标
29	1	0.12	0.5	达标
30	1	0.11	0.5	达标
…	…	…	…	…
209	4	0.18	0.5	达标
210	4	0.32	0.5	达标
211	4	0.29	0.5	达标
212	4	0.26	0.5	达标
213	4	0.37	0.5	达标
214	4	0.34	0.5	达标
215	4	0.29	0.5	达标
216	4	0.23	0.5	达标
217	4	0.25	0.5	达标
218	4	0.30	0.5	达标
219	4	0.08	0.5	达标

续表

单元	水系	TN 浓度（mg/L）	Ⅱ类水质标准	达标/超标
220	4	0.28	0.5	达标
221	4	0.26	0.5	达标
222	4	0.31	0.5	达标
223	4	0.35	0.5	达标
224	4	0.35	0.5	达标
225	4	0.40	0.5	达标
226	4	0.35	0.5	达标
227	4	0.13	0.5	达标
228	4	0.29	0.5	达标
229	4	0.18	0.5	达标
230	4	0.30	0.5	达标
231	4	0.32	0.5	达标
232	4	0.57	0.5	超标
233	4	0.35	0.5	达标
234	4	0.18	0.5	达标
235	4	0.25	0.5	达标
236	4	0.35	0.5	达标
237	3	0.40	0.5	达标

　　经过河道工程及湿地治理后各沟口水质状况如表 5－26 所示。治理后各单元水质 TN 达标情况图 5－17，TP、COD、NH_3－N 各单元水质均达标。

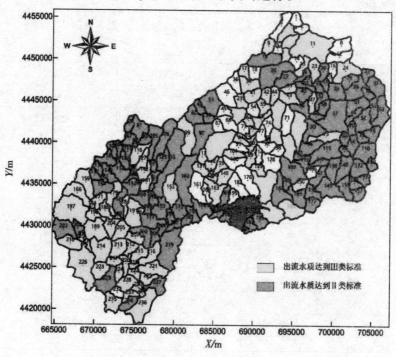

图 5－17　治理后各单元水质 TN 达标情况

表 5 - 26　经过河道工程及湿地治理后各沟口水质状况表

沟口	水系	所在单元	TN 浓度 （mg/L）	TP 浓度 （mg/L）	COD 浓度 （mg/L）	NH$_3$ - N 浓度（mg/L）
陈家沟	东洋河	11	0.35	0.005	2.86	0.03
贾家河	东洋河	25	0.17	0.002	3.05	0.02
梁家湾	东洋河	57	0.06	0.001	1.95	0.01
勃塘口	东洋河	119	0.02	0.001	0.39	0.01
头道河	东洋河	165	0.02	0.001	0.71	0.00
迷雾河	迷雾河	128	0.75	0.041	2.32	0.16
干涧河	西洋河	162	0.19	0.019	3.56	0.03
兴隆河	西洋河	170	0.11	0.008	1.84	0.01
燕河	西洋河	168	0.16	0.013	2.34	0.01
冯家沟	西洋河	190	0.29	0.026	2.88	0.03
双旺河	西洋河	205	0.27	0.021	2.14	0.02
四各庄河	西洋河	189	0.29	0.022	1.98	0.02
麻姑营河	麻姑营河	163	0.31	0.022	2.41	0.075

通过分析，共有 209 个单元经过河道工程及湿地治理后，水质达到了Ⅱ类水标准，但是仍有 28 个单元未达标，单元编号如表 5 - 27 所示，所以这些单元需要进行消减，消减量如表 5 - 27 所示。

表 5 - 27　未达到Ⅱ类水标准单元 TN 需消减量

单元	水系	TN 浓度（mg/L）	需消减量（kg）
1	1	0.68	773.24
3	1	0.66	1145.95
4	1	0.70	2086.27
5	1	0.64	3196.70
6	1	0.51	572.60
7	1	0.60	2577.91
8	1	0.56	1028.05
12	1	0.62	927.12
16	1	0.56	343.39
66	2	0.71	1672.84
67	3	0.61	522.35
71	2	0.88	1673.78
73	2	0.60	482.97

单元	水系	TN浓度(mg/L)	需消减量(kg)
74	2	0.91	913.46
77	2	0.59	474.11
78	2	0.73	1355.59
82	2	0.76	4106.80
92	2	0.79	4484.55
93	1	0.71	2193.11
100	2	0.86	1138.80
109	1	0.51	948.64
128	2	0.75	4523.42
160	0	0.62	454.82
161	0	0.68	1746.57
176	0	1.18	3332.51
185	1	0.57	1108.57
195	0	0.57	477.53
232	4	0.57	381.38

从分析来看上表中未达到Ⅱ类水标准的单元多数为直接入库的源头单元,如160、161、176、195号单元,这些单元TN污染物入河量较大,但水量较小,使得单元TN浓度较大,应采取控制污染物排放为主的措施。对于基本生产、生活需求产生的排放,应加大收集力度,或采取小型生态净化措施,经过处理后排放。

四个水系的入库河口处依然有残留的污染物,如位于西洋河水系入库口的178号单元,麻姑营河水系入库河口的163号单元,迷雾河水系入库河口的175号单元,东洋河水系入库河口的188号单元。经计算四个水系入库河口处TN污染物残留量,详见表5-28。

表5-28 四个水系入库河口处TN污染物残留量

位置	Ⅱ类水质标准(mg/L)	TN残留量(kg)
东洋河水系入库河口	0.5	1108.57
迷雾河水系入库河口	0.5	3332.51
麻姑营河水系入库河口	0.5	1662.48
西洋河水系入库河口	0.5	2201.39

为进一步深度处理污染物的残留量,确保入库水质达到Ⅱ类要求,可以通过修建流域末端修建河口前置库工程进行处理。

第七节　流域末端水质生态净化措施——前置库技术

一、前置库生态净化综述

前置库通常由沉降带、强化净化系统、导流与回流系统 3 个部分组成,如图 5 – 18 所示。沉降带利用现有河道,加以适当改造,并种植水生植物,对引入处理系统径流中的污染颗粒物、泥沙等进行拦截、沉淀处理;强化净化系统分为浅水净化区和深水净化区,其中浅水生态净化区类似于砾石床人工湿地生态处理系统。沉降带出水以潜流方式进入砾石和植物根系组成的具有渗水能力的基质层,污染物质在过滤、沉淀、吸附等物理作用、微生物的生物降解作用、硝化反硝化作用以及植物吸收等多种形式的净化作用下被高效降解;进入挺水植物区域,进一步吸收氮磷等营养物质,对入库径流进行深度处理;深水强化净化区利用具有高效净化作用的易沉藻类、具有脱氮除磷的微生物进一步去除氮、磷和有机污染物等。为防止前置库系统暴溢,设置导流系统。

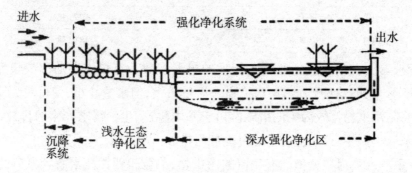

图 5 – 18　前置库系统组成示意图

欧美国家早在 20 世纪 50 年代就开展了前置库技术在污染治理中的应用研究。Klapper、Beuschold、Wilhelmus 以及 Fischer 等相继报道了前置库去除水中营养物质的成果。Benndorf 和 pütz 提出了一系列前置库技术的设计参数,并给出了水深和光照相互作用下的营养盐去除机理。这种因地制宜水环境治理措施对控制非点源污染,减少湖泊外源有机质污染负荷,特别是对入库地表径流中的 N、P 有很好的去除效果,对于含泥沙量大的河流拦截泥沙也起到了至关重要的作用。Pual 研究表明磷的去除主要依靠浮游植物,并且与水力停留时间密切相关。Nalkamura 对霞浦前置库在暴雨季节净化水体的能力进行了两年的监测,结果表明,暴雨期前置库对 TN 的去除率达到 28% – 40%,对 TP 的去除率达到 34% ~ 56% 。

虽然在我国应用前置库技术较晚,但由于前置库具有投资和运行费用少,对水体净化效果较好等优点,前置库技术越来越受到人们的重视。边金钟、王建华等人对于桥水库富营养化防治进行过前置库对策的可行性研究。于桥水库水质及生物参数呈现明显的沿入水方向的梯度变化规律,水库呈现为上、下游两种不同的生态环境,前库区受库水位的影响变化较大。基于上述特征,研究人员在废弃的南北向围捻基础上,堵截原河道豁口,加高加固该围捻,利用前库区形成一个前置库,保持一定的水位标高,延长入库来水的停留时间,达到强化泥沙及营养盐的物理沉降和"生物反应器"作用。实验表明:在前置库区内,入流水中泥沙和营养盐随入流水向库区的输移呈递减的梯度变化,其中泥沙的去除率达 90% 以上;总磷的去除速率为 $30.8mg/(m^2 \cdot d)$,全年去除总磷近 50t,占全年入库总量的 90% 以上。氮营养盐主要以可溶性形态存在,去除率较低,只为 22.9%。大型水生植物对水中营养盐的去除,包括本身吸收去除的量,吸收去除量大小依次为沉水植物、浮叶植物、挺水植物。杨文龙、杜娟等研究了前置库在滇池非点源污染源控制中的应用,通过估算,总磷每年去除 15.1t,总氮每年去除 1.6t,同时还对前置库进行了效益分析,结果表明前置库可截留的氮、磷若采用昆明市第一污水处理厂设计工艺处理,需新建投资约 1000 万元的污水处理厂。此外,前置库含氮磷的底泥还可回填农田,改良土壤,对流域的面源控制和滇池水体的保护起到了积极作用。张永春等提出平原河网地区面源污染控制的前置库生态工程的构想,研究表明前置库对于面源污染为主的河网的污染控制,特别是暴雨季节的径流净化效果明显。徐祖信、张毅敏、田猛、朱铭捷等人根据不同地理位置、污染特点和水体特征,对前置库与其他净水技术的耦合进行了相关研究,并对前置库的合理库容、最佳水力停留时间及植物的布置进行了考察,为前置库技术在我国的推广做了前期的探索。袁冬海采用固定化微生物 – 水生生物强化系统模拟试验的结果表明,复合微生物菌群表现出了良好的种群环境适应能力,高效微生物在局部水域形成微生物数量上的优势,这为在秋冬季低温水体中保持较高的去除效果提供了必要条件,并且固定化微生物扩散的高效微生物在下游水体的植物根区附着,可强化根际微生物的活性。暴雨模拟试验表明,出水 TN,TP 及 COD 的去除率分别为 45%,42.2% 和 50.8%。陈景荣,王立志对前置库浅水生态净化区植物对水质净化特征进行了分析,结果表明:浅水生态净化区对水中氮磷的净化效率存在夏高冬低的季节性变化规律总氮和总磷夏季净化率平均为 28.11% ~ 43.42%,31.00% ~ 48.00%,冬季净化率平均 19.02% ~ 26.36%,21.52% ~ 28.57%。植物生长将氮磷富集于体内是对水体净化的一个主要原因,夏季植物旺盛生长冬季植物衰亡是浅水生态净化区净化效率季节性变化的主要影响因素。

前置库的去污效果十分明显,在国内外都已得到诸多应用;例如日本的霞浦湖上建有容积为 $30000m^3$ 的河口前置库,占地面积 $30000m^2$,对霞浦前置库在暴雨季节净化水体的性能进行了两年(2000—2001 年)的监测结果显示,暴雨期前置库对 TN、TP 的去除率分别达到 28% ~ 40%、34% ~ 56%;在国内,于桥水库河道口构建了一个面积近 $9km^2$,容积达 2000 万 ~ 2500 万 m^3 的大型前置库从而使进入主库的营养盐含量大幅度降低,抑制主库中藻类的过度繁殖,起到了防治或减缓于桥水库富营养化的作用;另外一些学者提出了平原河网地区面源污染控制的前置库生态工程的构想,结合生态河道构建技术、生物浮床净化技术、生物操纵技术、生态透水坝构建技术、前置库运行调控技术等关键技术,开展了示范工程研究无降雨和小降雨输入期间,TN、TP 的平均去除率分别达到 65.1%、45.3%;强降雨时,降雨初期 TN、TP 污染物去除率分别为 70.5%、84.6%。可见,前置库对于非点源污染为主的河网地区的污染控制,特别是暴雨季节的径流净化效果是十分明显的。

二、前置库工程设计标准及规模确定

1. 前置库设计标准

洋河水库各河流入库口前置库和人工生态湿地工程包括东洋河、迷雾河、麻姑营河和西洋河 4 条河流入库口的前置库和人工生态湿地。通过调节来水在前置库区和湿地的滞留时间,使径流污水中的泥沙和吸附在泥沙上的污染物质在前置库沉降;利用前置库和人工湿地的生态系统,吸收去除水体和底泥中的污染物,使水体得到净化。

针对洋河水库入库河口的地形条件,前置库和人工生态湿地布置在入库口滩地上,以壅水坝和泄水建筑物进行分隔,上游为前置库,下游修筑围埝分隔成由多个长条形湿地单元并联组成的人工湿地,水流通过布置在壅水坝上的放水闸由前置库流向湿地,经前置库和湿地先后净化后的水体,通过湿地放水闸排入水库。

洋河水库入库河口湿地设计标准与河道治理标准保持一致,防洪标准确定为 10 年一遇,包括主槽橡胶坝、两岸壅水坝透水坝和湿地主围埝等。

2. 前置库库容需求分析

前置库技术作为一种新型生态污水净化处理工艺,是利用前置库湿地从上游到下游的水质污染物浓度变化梯度特点,根据水库流域地形条件、各入库河道的水力学特性条件,在入库河道的末端修建一个或者若干个子库与主库相连,通过延长水力停留时间,促进水中泥沙及营养盐的沉降,同时利用子库中大型水生植物、藻类等进一步吸收、吸附、拦截营养盐,从而降低进入下一级子库或者主库水中的营养盐含量,抑制主库中藻类过渡繁殖,减缓富营养化进程,改善水质。国内外关于前置库的研究很多,主要集中在前置库对水质净化效果及模型计算等方面。而对于前置库容积规模的研究甚少。目前,在前置库设计过程中,如何确定前置库库容设计规模,使入库径流中的污染物能被有效去除,获得污水处理与资源化的最佳效益,是持续有效改进前置库去污效果的一种技术。因此,前置库容积的确定对流域水环境治理至关重要。

为了克服现有技术中前置库库容规模确定的困难,以及前置库的净化功能与河流的行洪功能存在的矛盾。陈平等根据我国北方干旱半干旱地区年降水量特点,流域内非点源污染物主要由每年的年内第一场暴雨产生的洪水携带进入河道系统,由于降雨初期,雨水溶解了空气中的大量酸性气体、汽车尾气、工厂废气等污染性气体,又由于冲刷沥青油毡屋面、沥青混凝土道路、农业用地、畜禽养殖场等,使得头场洪水中含有大量的有机物、病原体、重金属、油脂、悬浮固体等污染物质,因此头场洪水的污染程度较高,通常超过了普通的污水的污染程度。在分析流域污染物总量控制技术的基础上,通过流域内第一场洪水的计算,而完成对前置库规模的确定。

3. 前置库库容容积的计算方法

设计洪水计算方法与流域内的水文资料情况有关,对于有实测资料地区通过流量资料计算设计洪水,在缺乏实测洪水流量资料的情况下,采用暴雨资料推算设计洪水。

(1)有实测资料计算设计洪水方法。对于有实测资料地区,根据历年第一场洪水的洪峰流量和时段洪量,选取最大值组成系列,频率曲线的统计参数采用均值(X)、变差系数(Cv)和偏态系数(Cs)表示,采用矩法估算参数初值。对于 n 年连续系列,矩形法计算各统计参数的公式为:

$$\bar{x} = \frac{1}{n} \sum_{i}^{T} \tag{5-1}$$

$$C_v = \frac{1}{\bar{v}} \sqrt{\frac{1}{n} \sum_{i=1}^{n} (X_i)} \tag{5-2}$$

$$C_S = \frac{n \sum_{i=1}^{n} (X_i)}{(n-1)(n-2)} \tag{5-3}$$

采用皮尔逊Ⅲ型曲线进行适线调整统计参数,根据上下游、干支流和邻近流域已有成果进行合理性检查,通过对洪峰和时段洪量系列进行频率分析计算,得到第一场洪水的各频率设计洪峰和时段洪量成果;设计洪水过程线采用放大典型洪水过程线的方法推求,典型洪水过程线选择时需考虑反映洪水特性、对工程运用较不利的洪水,放大典型洪水过程线时,可根据工程和流域的洪水特性选择同频率放大法或同倍比放大法。

(2)无实测资料计算设计洪水方法。对于无实测地区,使用地区暴雨图集(水文手册)进行设计暴雨的计算,设计面雨量通常有直接法和间接法两种,如采用泰森多边形等方法,当流域面积较小(一般不大于 50 km^2),可采用设计点雨量替代设计面暴雨量;根据上述设计暴雨成果,采用地区水文手册方法(包括经验公式、推理公式、瞬时单位线等)计算设计洪水;根据当地实际情况,选择高频洪水(2~5 年一遇)的第一场洪水水量确定前置库规模。

(3)洋河水库流域入库头场洪水。根据洋河水库水文站实测 1963—2014 年共 52 年的入库实测资料,包括历年水库水文要素摘录表、逐日平均水位表和逐日平均流量表等资料,采用水量平衡法,依据洋河水库实测下泄流量及水库蓄水量的变化反推入库洪水对洋河水库历年入库头场洪水过程进行分析,洋河水库入库头场洪水洪峰洪量系列成果见图 5-19。采用矩法估算参数初值,采用 P-Ⅲ型曲线进行适线,对洋河水库入库头场洪水洪峰洪量系列进行频率分析计算,各频率设计洪峰洪量见表 5-29。洋河水库入库头场洪水的洪峰、洪量均值分别为 $125 \text{m}^3/\text{s}$ 和 400 万 m^3。

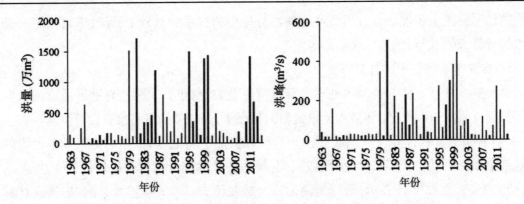

图 5—19 洋河水库头场洪水洪峰和洪量(1963—2014 年)

表 5 - 29 洋河水库入库头场洪水的洪峰和洪量成果表

项目	统计参数			不同频率设计值(%)				
	均值	Cv	Cs/Cv	5	10	20	33.33	50
洪峰(m^3/s)	125	1.25	2.5	437	306	187	111	62
洪量(万 m^3)	400	1.15	2.5	1324	952	605	376	221

(4)入库四条河道头场洪水。洋河水库共有 4 条支流直接入库,采用水文比拟法计算入库河道头场洪水洪峰。根据各年该水库入库洪量地区组成分析,东洋河占比 45%,西洋河占比 38%,迷雾河占比 9%,麻姑营河占比 8%,根据上述比例将该水库各标准头场洪水入库洪量分配到各入库支流河道中。各入库河道头场洪水计算成果如表 5 - 30 示。

4 条入库河流头场洪水过程线采用同频率放大法。典型洪水过程线是放大的基础,从实测洪水资料中选择典型时,同时应考虑下列条件:①选择峰高量大的洪水过程线,其洪水特征接近于设计条件下的稀遇洪水情况;②要求洪水过程线具有一定的代表性,即它的发生季节、地区组成、洪峰次数、峰量关系等能代表本流域上大洪水的特性。

表 5 - 30 各个河道头场洪水计算成果表

水系	项目	不同重现期设计值				
		2 年	3 年	5 年	10 年	20 年
洋河水库	Qm(m^3/s)	62	111	187	306	437
	W(万 m^3)	221	376	605	952	1324
东洋河	Qm(m^3/s)	35	55	81	119	154
	W(万 m^3)	100	169	273	429	597
西洋河	Qm(m^3/s)	36	57	86	129	166
	W(万 m^3)	85	144	232	365	507
迷雾河	Qm(m^3/s)	22	31	41	56	70
	W(万 m^3)	20	34	54	85	118
麻姑营河	Qm(m^3/s)	16	24	32	44	56
	W(万 m^3)	17	29	47	73	102

（5）分析与讨论。前置库的净化功能与河流的行洪能力往往矛盾，如何将二者高效、和谐地结合起来是需要解决的一个焦点问题。根据我国北方干旱半干旱地区年降水量特点，流域内非点源污染物主要由每年的年内第一场暴雨产生的洪水携带进入河道系统，在分析流域污染物总量控制技术的基础上，通过流域内第一场洪水的计算，而完成对前置库规模的确定。

以洋河水库流域为例，根据流域各支流入库口地形条件，充分利用河口地形条件加大湿地面积，确保河道污水通过前置库生态湿地净化后再排入水库。选取 2012 年洋河水库入库头场洪水过程线作为典型。经计算水库前置库以能够容纳 3 年一遇头场雨洪量为原则。东洋河的头场雨洪量为 169 万 m^3，前置库容积为 169 万 m^3；西洋河的头场雨洪量为 144 万 m^3，前置库容积为 144 万 m^3；迷雾河的头场雨洪量为 34 万 m^3，前置库容积为 34 万 m^3；麻姑营河的头场雨洪量为 29 万 m^3，前置库的容积为 29 万 m^3。

三、前置库壅水坝选址和结构布置

前置库壅水坝坝址选择以保证前置库和湿地的总容积能够容纳 3 年一遇头场雨洪量为原则，同时考虑工程安全。由于头场雨洪量需由前置库和人工湿地共同承担，为满足头场雨能够顺利进入人工湿地，壅水坝坝顶高程比橡胶坝坝顶高程降低 0.3m，为满足坝顶过流的要求，上、下游坝坡护坡采用 $1m×1m×0.5m$ 格宾石笼，下游格宾石笼下设反滤层，由上至下依次为 40cm 厚碎石和 40cm 后粗砂，上游格宾石笼下设 20cm 碎石垫层，上、下游坡脚外 8m 采用 $1m×1m×0.8m$ 格宾石笼护底垫层设置同护坡。为满足汛期泄洪的需要，在壅水坝河槽位置设置泄洪建筑物。

壅水坝采用土石坝形式，壅水坝顶高程综合考虑水库淹没征地线高程 58.51m 和 3 年一遇洪水的洪量确定，东洋河和西洋河 3 年一遇洪量较大，分别为 169 万 m^3 和 $144m^3$；麻姑营河湿地虽然 3 年一遇洪量小，为 29 万 m^3，但入库口湿地面积也很小；迷雾河入库口湿地面积相对其 3 年一遇洪量 34 万 m^3 很大，因此东洋河、西洋河和麻姑营河壅水坝坝顶高程为 58.0m，迷雾河壅水坝坝顶高程 57.5m。坝顶宽 20m，上、下游坝坡坡比 1:5，坝顶路面采用 20cm 厚卵石路面。坝体土料采用湿地清表后的平整开挖土料，压实度不小于 0.91。

前置库泄洪建筑物的型式一般选用常规水闸或活动坝，在投资方面，橡胶坝方案优于水闸方案；在泄洪方面，橡胶坝基本不产生水位壅高现象，水闸会产生一定高度的水位壅高；对于淤积问题，橡胶坝运行中坝前淤积不影响坝的起升和降落，闸前淤积会影响闸门的启闭力。综合而言，在工程投资、运行管理等方面，橡胶坝方案都优于水闸方案，因此，本项目泄洪建筑物型式确定为橡胶坝。由于地下水位接近地表，水源充足，且充水式橡胶坝比充气式橡胶坝运行稳定，无须定期补气，因此本工程橡胶坝选用充水式橡胶坝。

四、湿地水处理能力及水力停留时间

根据前置库和头场雨水量分析，迷雾河和麻姑营河前置库容积可以容纳 3 年一遇头

场雨洪量,迷雾河入库口滩地面积较大,而麻姑营河滩地面积较小,为充分利用滩地面积多处理一些污水,迷雾河和麻姑营河湿地设计水深分别取 0.5m/1.0m 和 1.4m/1.3m;东洋河和西洋河前置库只能容纳 3 年一遇头场雨洪量的 70% 和 55%,剩余水量由湿地容纳,经计算,东洋河湿地设计水深 1.0m/1.5m/2.0m,西洋河湿地设计水深 1.4m/1.6m/1.8m/2.0m。考虑超高 0.5m,则 4 个湿地内部分隔围埝高度最小 1.0m,最大 2.5m。根据地形条件及水库多年平均库水位,适当考虑挖填平衡确定湿地池底高程 52.5~54.0m。

表 5-31 前置库和人工生态湿地指标表

入库口湿地	前置库和湿地面积(万 m^2)	前置库和湿地容积(万 m^3)	头场雨洪量(万 m^3)	壅水坝长度/最大坝高 m	橡胶坝长度/坝高 m	围埝最大埝高 m
东洋河	42.2+34.3=76.5	118.9+53.2=172.1	169	223/3.9	130/3.0	6.1
西洋河	54.2+49.8=104.0	80.2+80.9=161.1	144	849/3.9	130/3.0	5.2
迷雾河	15.4+49.4=64.8	46.2+51.6=97.8	34	1549/5.1	75/2.5	4.1
麻姑营河	10.5+7.4=17.9	31.5+10.1=41.6	29	164/3.6	60/3.0	4.6

1. 湿地水处理能力

以及前置库和人工湿地面积,计算各入库口湿地的水处理能力 $Q = qhs \times A$,(万 m^3/d);湿地水力负荷 q_{hs} 取 $0.1 m^3/(m^2 \cdot d)$。

2. 水力停留时间

根据湿地设计容积 W 和水处理能力 Q,计算水力停留时间 $t = W/Q$(d),计算结果见表 5-32。

表 5-32 各湿地水处理能力和水力停留时间

湿地名称	东洋河	西洋河	迷雾河	麻姑营河
表面水力负荷 q_{hs}($m^3/m^2 \cdot d$)	0.1	0.1	0.1	0.1
湿地设计面积 A(万 m^2)	34.4	49.8	49.4	7.4
水处理能力(万 m^3/d)	3.44	4.98	4.94	0.74
湿地设计水深(m)	1/1.5/2	1.4/1.6/1.8/2	0.5/1	1.4/1.3
湿地设计容积 W(万 m^3)	53.2	80.9	51.6	10.1
水力停留时间 t(d)	15.5	16.2	10.4	13.6

经计算,各湿地水力停留时间最少为 10 天,而且各湿地单元均设有放水闸控制水体排放时间,因此水力停留时间可达到处理污水的要求。

五、前置库湿地工艺设计

1. 湿地单元划分

各个河口目前拟建湿地区域存在的大面积滩地,因地势深浅差异可构筑水深不一的浅滩及深塘,形成好氧、兼氧和缺氧不同状态区域,使不同植物完成生长并吸收氮磷营养盐。以及通过这些不同区域微生物的相互配合作用而将氮磷素化合物去除。

表面流人工湿地单元的长宽比宜控制在3:1~5:1,水深宜为0.3~0.5m,水力坡度宜小于0.5%,污水流程较长,有利于硝化和反硝化作用的发生,脱氮效果较好。参照以上原则确定入库口湿地单元尺寸,宽度40~140m,长度290~1890m。泄水建筑物下游两侧的围埝顶宽5.5m,最大埝高6.1m,边坡坡比1:3,迎水面和坡脚前8m采用1m×1m×0.5m格宾石笼防护,下设20cm碎石垫层,背水坡采用绿植护坡。迷雾河考虑围埝较长,埝顶宽度均采用5.5m,最大埝高4.5m,边坡坡比1:3,迷雾河分隔前置库和湿地的围埝内边坡考虑溢流,采用1m×1m×0.5m格宾石笼防护,外边坡采用绿植护坡,其余围埝边坡均为绿植护坡。顶宽3.5m的分隔围埝,最大埝高2.5m,边坡坡比均为1:3,采用绿植护坡。

各湿地单元水力停留时间通过进水闸、出水闸开度控制。

2. 湿地水质净化工艺

由机理和场地条件分析,确定洋河水库湿地处理工艺流程如下。

来水经节制工程控制,河口水位提高,随着过水断面增大,流速降低,使来水中的悬浮物沉淀下来,并去除一部分磷营养盐;进入湿地处理系统后,依河口湿地现状地形不同,首先进入地势较高的挺水植物区,该区域水浅,水体呈好氧状态,进行有机氮消解的氨化反应和后续的硝化反应以及植物的吸收。同时颗粒磷进行沉淀分解,溶解性磷被植物或被聚磷菌吸收;接着进入地势较低的沉水植物区在进行进一步沉淀和硝化反硝化反应同时加大植物吸收力度去除氮、磷营养盐以及水深较深的缺氧区发生的反硝化作用去除氮营养盐,最终进入洋河水库。工艺流程详见图5-20。

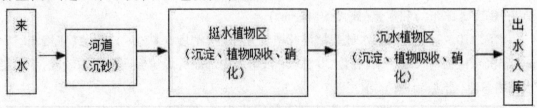

图5-20 洋河水库湿地工艺流程

3. 湿地设计指标

人工湿地功能重点在于降低污染物浓度,确保出水稳定达标。湿地系统设计计算参数有如下几点。

(1)水力停留时间。指污水在人工湿地内的平均驻留时间。计算公式为:

$$t = \frac{v \times \varepsilon}{Q}$$

式中:t——水力停留时间,d;

V——人工湿地基质在自然状态下的体积,包括基质实体及其开口、闭口孔隙,m^3;

ε——孔隙率,%;

Q——人工湿地设计水量,m^3/d。

(2)表面水力负荷。指每平方米人工湿地在单位时间所能接纳的污水量,计算公式为:

$$q_{hs} = \frac{Q}{A}$$

式中:q_{hs}——表面水力负荷,$m^3/(m^3 \cdot d)$;

Q——人工湿地设计水量,m^3/d;

A——人工湿地面积,m^2。

六、植物配置设计

"因地制宜、适地适种、乡土种优先"的原则是选择湿地水生植物物种的最好方法。为了强化湿地处理系统的净化效率,在水生植物的选择上主要挑选具有较强水质净化能力、繁殖能力强、栽培容易,具有较好经济利用价值的水生植物种类,为获得较高的生存性,优先选择水库中现有生存的种类。

根据水库水生植物生长状况,结合工程区域立地条件,结合植物净水能力,优先考虑洋河水库乡土物种,兼顾植物的经济价值,最终选定以下植物。

沉水植物:菹草、苦草、狐尾藻、微齿眼子菜和马来眼子菜;

浮水植物:荇菜和丘角菱;

挺水植物:香蒲、芦苇、黄菖蒲、水葱和荷花。

各区域植物配置方式如下。

水深1.0m以内区域:水域栽植挺水植物芦苇(密度30株/m^2)、香蒲(密度8株/m^2)、荷花(密度1株/m^2)和水葱(密度50株/m^2)。

水深1.0~2.0m区域:水域栽植浮叶植物丘角菱(密度5株/m^2)、荇菜(密度30株/m^2)和沉水植物马来眼子菜(密度30株/m^2),单元内部原有堤埂经改造水深较浅,栽植挺水植物菖蒲(密度30株/m^2)。

水深2.0~3.5m区域:水域栽植沉水植物菹草(密度12株/m^2)、苦草(密度40株/m^2)、狐尾藻(密度8株/m^2)和微齿眼子菜(密度30株/m^2),单元内部原有堤埂经改造水深较浅,栽植挺水植物菖蒲(密度30株/m^2)。

水深3.5~4.0m区域:因水深过大,单元内不布置植物,仅在内部改造的堤埂栽植挺水植物菖蒲(密度30株/m^2)。

水深4.0m以上区域:该区域水深过大,不适应栽植水生植物,主要依靠当地优势种的自然生长。

前置库(河口)湿地植物配置详见表5-33

表5-33　前置库(河口)湿地工程植物配置表

水系	区域面积(m²)	植物	种植面积(m²)
东洋河河口湿地	343000	芦苇	48020
		水葱	48020
		荷花	48020
		菖蒲	48020
西洋河河口湿地	498000	菖蒲	34860
		芦苇	104580
		水葱	69720
		荷花	34860
麻姑营河河口湿地	74000	荷花	10360
		芦苇	15540
		水葱	12950
		菖蒲	12950
迷雾河河口湿地	494000	芦苇	119840
		菖蒲	59920
		水葱	89880
		荷花	29960

七、入库水质预测与评价

经过前置库处理后,各水系进入洋河水库库区的各项指标的浓度如表5-34所示。

表5-34　前置库出流(入库)水质情况表(mg/L)

前置库位置	TN入库浓度 Ⅱ类水质标准 0.5(mg/L)	TP入库浓度 Ⅱ类水质标准 0.1(mg/L)	COD入库浓度 Ⅱ类水质标准 15(mg/L)	NH_3-N入库浓度 Ⅱ类水质标准 0.5(mg/L)
东洋河	0.43	0.007	3.5	0.05
迷雾河	0.48	0.06	3.83	0.19
麻姑营河	0.31	0.02	2.17	0.06
西洋河	0.06	0.005	0.84	0.01

经过前置库深度处理后,可以看出东洋河水系前置库出流TN浓度达到Ⅱ类水质标准,TP、COD、NH_3-N浓度均达到Ⅰ类水质标准;迷雾河水系前置库出流TN、TP浓度达到Ⅱ类水质标准,COD、NH_3-N浓度均达到Ⅰ类水质标准;麻姑营河水系前置库出流TN浓度达到Ⅱ类水质标准,TP、COD、NH_3-N浓度均达到Ⅰ类水质标准;西洋河水系前置库出流TN、TP、COD、NH_3-N浓度均达到Ⅰ类水质标准。经过末端治理后各水系入库水质均达到了目标,可以证明这一系列的治理措施比较可行,治理效果较为显著。

第六章 生态透水坝创新结构

第一节 综述

一、技术简介

生态透水坝技术是基于人工湿地原理和土质渗滤净化机理的面源污染控制新技术，在河道中适当位置用砾石或碎石人工垒筑坝体，在上游形成一个缓冲区，在缓冲区，通过延长水力停留时间，促进水中泥沙及营养盐的沉降，同时利用水生植物、藻类等进一步吸收、吸附、拦截营养盐，从而降低营养盐的含量，抑制藻类过度繁殖，减缓富营养化进程，改善水质。属于生态拦截技术重要一环。

当污水在透水坝上游停留一定时间后，经过物理沉淀、生物降解、植物吸收、坝体过滤得到净化，需要通过坝体逐步渗透下游，坝体本身起到过滤污水的作用。也就是说，坝体本身既要具有一定的挡水的功能，还要具备透水、过滤的功能。因此透水坝的渗透系数远远大于混凝土坝及传统意义上的土石坝。

随着对生态透水坝进一步的研究，生态透水坝并不局限于一种形式，它可以根据具体情况和要求来设计，建造于不同的河道；生态透水坝也不局限于用于前置库系统中，也可以作为一个净水设施单独使用；生态透水坝更不局限只建造于平原的农村地区，还可以建造于城市，解决城市面源污染问题。生态透水坝不仅能净化污水，美化河道环境，更有一定的生态效益。生态透水坝的净水原理无论是物理过滤、植物吸收还是微生物降解，关键在于坝身透水。因此本章重点是解决坝体本身透水的情况下，坝体的渗流稳定和边坡稳定性。

二、生态透水坝净水原理

生态透水坝通过控制着水的渗流速度，在上游进行蓄水，使之水位上升到一定的程度，上游水由于水力停留时间增长，水中污染物在物理沉降、自然降解、水生生物吸收的作用下得以降低，由此净化了水质。除此之外，生态透水坝本身就可以净化水质，在坝体上种植对水质有净化作用的植物，通过植物对 TN、TP 的吸收，对污水进行一定的净化。其透水坝本身净化水质的原理在于物理过滤、植物吸收和微生物降解。物理过滤在于堆积坝体的滤料之中形成许多空隙，污水在经过生态透水坝时，水中的污染物被吸附和拦截下来。生态透水坝上种植的水生植物产生的大量根系深入坝体，吸收水中的营养盐和重金属。许多微生物和原生动物生长于坝体内,它们利用污水中的营养物质生存和繁殖,进而净化了水质。

1. 物理过滤

生态透水坝抬高了上游的水位,使坝上下游形成水位差,在此动力下污水从坝前渗透进入坝体,从坝后渗流出来。坝体是由特定的填筑材料堆积而成,填料是由各种粒径的砾石按照一定比例搭配而成,在形状大小各不相同的砾石之间,形成长的,弯曲的,复杂的孔道。污水透过坝体时,粒径较大的悬浮颗粒物不能通过孔道,被拦截在坝前,较大的悬浮颗粒物被拦截在坝体,水中的 TP、SS 和其他的一些矿物质经过孔道时,在砾石的吸附作用下被截留。不同材料的填料,不同填料的组合,对污染物的截留作用大小是不一样的,而且跟渗流流速也有一定的关系。中国矿业大学胡永定进行了相关的实验,并获得了相关数据。采用石灰岩、石灰岩＋煤矸石、石灰岩＋砾石分别作为透水坝的材料进行模拟实验,由实验结果分析得:流速越低,透水坝对面源污染物 TP、TN、SS 去除效果越好,而流速低时,石灰岩与煤矸石组合材料的透水坝对 TP、TN 去除效果最好,石灰岩与砾石组合材料的透水坝对 SS 去除效果最好。

2. 植物吸收

生态透水坝表面种植植物,坝前和坝后种植有净水作用的挺水植物、沉水植物、浮叶植物、坝顶种植湿生植物。天津大学涂佳敏通过实验,测得了不同水生植物对各种浓度污染物水体的净化效果,得到了重要的数据。其中对水中 TN、TP 具有较好吸收作用的挺水植物有芦苇、水生美人蕉、慈姑、泽苔、千屈菜、香蒲等,沉水植物有狐尾藻、金鱼藻、苦草等,浮叶植物有荇菜,芡实等。坝顶可种植乔灌木、鸢尾等根系发达的植物,由于生态透水坝的表面种有各种植物,植物发达的根系伸入坝体,与坝体填料缠绕在一起,形成网膜,增加坝体的稳定性,拦截水中的污染物。更重要的是,当污水在坝体渗透时,水中的氮磷以及一些重金属污染物,就会被植物的根系所吸收,当这些植物被收割和妥善处理后,这些污染物就会被彻底带离水体。

3. 微生物降解

污水中含有很多对水中污染物具有降解作用的微生物,当污水在坝体渗透时,这些微生物会被留在坝体填料的孔道中和植物的根系上,这样,填料、根系、微生物就形成了一层对污水有强大净化作用的生物膜。在这个生物膜中,一部分氧来自于溶解氧,一部分来自于植物根毛的释放,这样,有根的地方氧充足,没根的地方氧贫瘠,由于氧的分配不均,形成富氧区、贫氧区和缺氧区,生活环境的多样性使得存在坝体内的微生物种类和数量众多,同化异化作用活跃。在这样的条件下,污水中有机物得以被充分分解,释放其中的氮磷等元素,氮磷被植物根系吸收,磷还可以被微生物富集,氮还可以经过硝化和反硝化作用形成氮气和氧化氮而被彻底消除。

三、透水坝技术的应用

透水坝技术在工程中主要应用在以下的地方。

（1）前置库系统的构建。所谓前置库,是指利用水库存在的从上游到下游的水质浓度变化梯度特点,根据水库形态,将水库分为一个或者若干个子库与主库相连。前置库通过延长水力停留时间,促进水中泥沙及营养盐的沉降,同时利用子库中大型水生植物、藻类等进一步吸收、吸附、拦截营养盐,从而降低进入下一级子库或者主库水中的营养盐含量,抑制主库中藻类过渡繁殖,减缓富营养化进程,改善水质。透水坝在前置库中的作用有:①隔断区间污水,使其不能直接进入受纳水体;②拦蓄径流,初步去除面源污染物,为后续净化单元提供自流的动力,使得前置库系统的无动力运行成为可能。

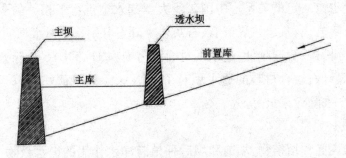

图 6-1　透水坝在前置库系统中的应用

（2）生态沟渠系统的构建。农田排水沟渠作为农业生态系统的重要组成部分,既是农业非点源污染物的最初汇聚地,也是河流、湖泊等水体中营养盐的重要输入源。在众多的治理方法中,生态沟渠具有较高的氮磷去除效果和较好的景观效应。透水坝设置在生态沟渠的末端,与主渠的连接处。

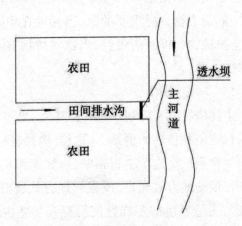

图 6-2　透水坝在生态沟渠系统中的应用

（3）生态湿地公园的构建。生态湿地公园是指天然或人工形成,具有湿地生态功能特征,以生态保护、科普教育和休闲游憩为主要内容的公园。

生态湿地公园的水多来自附近河道,对水质的要求一般较高,生态湿地公园的渗滤系统是依据透水坝原理,生态湿地进出水处设置透水坝,以改善水质。

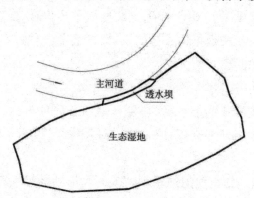

图 6-3　透水坝在生态湿地中的应用

（4）河道原位净化。即透水坝直接建设在河道中,一般建于非行洪河道。当处理山地小流域的农业面源污染问题时,往往由于山地小流域河流坡降大、水体流速快、上游地区多为砾石河床等原因,使得小流域河流水体中泥沙营养物质不易沉淀,无法形成可对进入水体中的氮、磷等营养物质进行吸收降解的微生物和水生植物系统。在河道中建设透水坝,可有效拦截营养盐,一定程度上减少了面源污染的发生。如一级透水坝处理后仍不满足水质要求,可以沿河道设置多级透水坝。

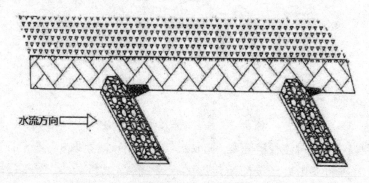

图 6-4　透水坝在河道原位净化中的应用

四、生态透水坝技术现有研究成果及典型坝型结构

1. 生态透水坝技术现有研究成果

生态透水坝技术自提出后,就不断有人将其用于各种净水系统中。目前对生态透水坝的研究较少,在现实中还不是一项成熟的技术,在生态透水坝的设计与建造过程中,还有很多问题亟待解决,也只有这些问题解决之后,生态透水坝才能得到推广。我国生态透水坝技术研究起步较晚但进步较快,由张永春、田猛等人于 2004 年首次提出,而后田猛等将透水坝技术在江苏省宜兴市普难村厚和读河中的应用,并详细介绍了生态透水坝的技术方案。傅长锋针对洋河水库引青取水口修建滤水坝工程,设计了一种由堆石体、反滤体和过滤体组合的透水坝用于净化水源。杨静等介绍了生态透水坝技术在淄川樊家窝水库中的应用,得出了透水坝应用的效果。董慧峪、王为东等人在苕溪流域山溪性河流锦溪水质污染的现状并沿河道建设了三道滤水坝,连续监测了9个月,根据不同的采样数据测得各种污染物的去除率。张安庆根据傅长锋的设计,建造了一种滤水坝模型,并测量了不同基质对各种污染物去除率的影响。

2. 典型生态透水坝坝型结构

前人设计了不同结构形式的透水坝,并且有相当一部分进行了净水效果的实验。本节选取几个具有代表性的坝型来进行总结,通过对几种坝型的比较选择,提出更具合理、应用范围更广的透水坝。

(1)堆石结构透水坝。此类型的透水坝大多为梯形断面结构形式,和土石坝类似,将筑坝材料改为大粒径的碎石、块石。田猛、张永春在针对控制太湖流域农村面源污染的前置库治理方案中透水坝的设计利用了此形式。透水坝表面种植根系较发达的植物,为微生物提供了生存的环境,有助于 N、P 等营养物质的吸收与转化。该透水坝主要由 5 ~ 10mm 碎石和 2~4cm 砾石构建。透水坝顶宽 4.6m,坝底宽 15.6m,高度为 2.2m。结构如图 6 - 5 所示。

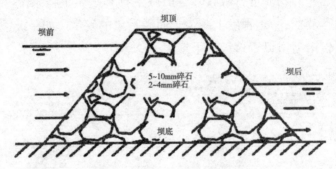

图 6 - 5　堆石透水坝结构设计图

该坝体坝身仅用不同粒径碎石堆筑而成,结构简单,就地取材,施工方便,利用平原河网地区现有的河道的容积来承受面源污染的水量,贮存水量较少、流速较快、径流在坝体内的停留时间也较短,净化效果远远不如人工湿地,并且在运行期间,净化效果会出现较大的波动。

(2)堆石—反滤—生物基质结构透水坝。堆石—反滤—生物基质透水坝是结构上的一大创新。和心墙土石坝类似,将坝体分为三个区域,不同区域的作用不同,透水量及过滤效果也不同。傅长锋结合引青济秦取水口上游透水坝工程设计,探讨了透水坝结构设计理论。坝体结构如图 6 - 6 所示,中间为过滤体生物基质,两侧为砾石或级配碎石反滤体,外壳为堆石体。为了形成一个稳定的坝坡,上游坝坡系数 $m_1 = 2.0$,下游坝坡系数 $m_2 = 3.0$。上下游坝体采用粒径较大的碎(卵)、块(漂)石,粒径 25 ~ 500mm,坝体中间为过滤体,采用当地天然砂料。两侧为砾石或级配碎石反滤体,以保证过滤体的渗透稳定。利用有水力学计算模型对此透水坝进行了渗流分析,得出单宽流量 $q = 0.0782\text{m}^3/\text{s} \cdot \text{m}$。

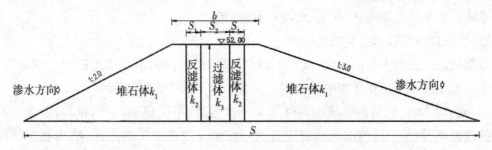

图6-6 透水坝结构示意图

(3)土石坝+透水槽结构透水坝设计。前述设计的透水坝,都是利用整个坝身来渗流和净化水质。这样,水体的停留时间不易控制,净化效果出现较大的波动。因此,为了保证净化效果,同时方便日后的维护和管理。赵双双等人设计一种新的坝型——半透水坝。

半透水坝分为两个部分:一是挡水坝,即一般意义上的坝体,可以将截排后的剩余雨水拦截在前置库中,通过生物分解和植物吸收净化雨水。一是半透水槽,设置在挡水坝的前置库一侧,待雨水在前置库中充分净化后,通过该槽渗透到主库中,与主库形成水体交换。坝体典型断面图见图6-7。

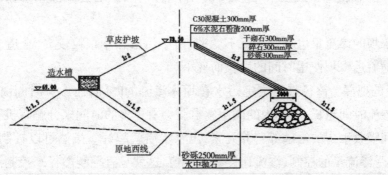

图6-7 半透水坝典型剖面图

(4)组合式透水坝设计。综合考虑前述各种透水坝,根据透水坝物理过滤、植物吸收、微生物分解原理,冯雷设计出一种组合式生态透水坝。其基本剖面如图6-8。

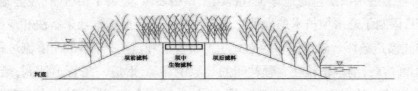

图6-8 组合式透水坝典型剖面图

组合式生态透水坝由透水墙将其分为坝前、坝中、坝后三部分组成。其中包括坝基座、滤料、生态垫、生态浮床、生物填料、水生植物。坝基座包括防渗层、石笼、透水墙。坝基座大大增加了生态透水坝的稳定性,可以建在水力坡降大的河道,这样生态透水坝就不局限于河网密集的平原地区,还适于建在山区河道。

五、生态透水坝技术要解决的问题

根据目前生态透水坝的研究,发现了很多问题,这些问题阻碍了生态透水坝的发展,尤其限制了生态透水坝在现实中的应用。大概为以下几个方面。

(1)透水坝设计。目前虽然国内外根据不同地形,不同用途,不同目的,设计了不同形式的透水坝,但至今仍然没有一套完备的理论来支撑透水坝的设计,结构稳定计算问题,渗流问题的考虑仍然欠缺。此外,不同筑坝材料对污染物的过滤效果不同,需要寻求一种筑坝材料既能够满足坝体稳定又能够最大限度地过滤污水。

(2)浸润线的确定。蓄水后,随着渗流的逐渐稳定,在坝体内就会产生稳定的水位,坝体横剖面线上会形成稳定的渗流面。计算浸润线主要是看其高度,浸润线的高低影响坝体是否满足稳定要求,对坝体结构的设计、排水的设计等都有着一定的影响。

(3)渗流量难以控制。根据生态透水坝的工作原理,渗流量和渗流时间的把控是其关键。渗流量过大,渗流时间短,对水质净化效果不明显;渗流量过小,渗流时间长,会造成上游水位不断上涨,容易漫顶,特别是暴雨洪水灾害来临的时候,水流会对坝体进行冲刷,严重破坏生态透水坝的稳定。若坝高设置不合理,甚至还会淹没农田和民居,造成财产损失。

生态透水坝的渗流量也不是一沉不变的,由于污水悬浮颗粒较多,会造成孔道淤堵,渗流量也会随着透水坝使用时间的增长而变小。

(4)渗径的把握。渗径直接决定污水在坝体渗流的时间,而渗流时间决定着污水的净化效果。渗流时间越长,坝体内的微生物群就会有更多的时间来分解有机物,植物就会有更多的时间吸收水中的氮磷等营养元素,出水水质就越好。虽然可以控制渗流流速来控制时间,但受渗流量的控制,渗流速度有最小值,这就只有控制渗径来控制渗流时间,但渗径太大又会影响渗透量。

(5)坝体的不稳定。由于传统生态透水坝是由不同粒径大小的岩石材料堆积而成的,本身不牢固、不稳定、经受不住浪的冲刷,所以传统生态透水坝只适用于水力坡降小的地区。这对生态透水坝修建的地理位置提出了严格要求,阻碍了山区、丘陵等地区生态透水坝的建设,限制了透水坝技术的发展。急需设计一个新型透水坝来解决相应问题。

(6)防止渗透破坏。渗透破坏的方式主要有管涌和流土,管涌是在渗流过程中,土体的化合物不断溶解,细小颗粒在大颗粒间的空隙中移动,形成一条管道通到,最后土粒在渗流溢出冲出的一种现象。在生态透水坝中,如设计不合理,管涌现象也会存在,管涌会造成滤料的流失,增大坝体的孔隙率,增大渗流量,不仅降低其对污水的净化能力,严重的话还会造成溃坝事故。

(7)淤堵的影响。无论是生态透水坝还是人工湿地,凡是应用净水介质、净水填料来净水的水工设施,淤堵都是其不可避免的问题,淤堵会降低渗流量,会使其丧失净水功能。

由于淤堵的存在,生态透水坝也有一个有效期,目前很多人工湿地方面的专家都在研究怎样解决淤堵问题,但还没有一个好的解决方法。

第二节　生态透水坝设计理论基础

一、渗流基本原理

1. 渗流基本原理

渗流是液体经过多孔介质的流动。多孔介质的孔隙形状、裂隙大小及分布情况十分复杂,确定渗流沿孔隙的流动路径和流速十分困难,所以研究渗流时不直接研究其质点的运动,引用简化的渗流模型来代替实际的渗流运动。渗流基本原理就是利用微观水流并将其充满于整个土体或岩体颗粒孔隙或裂隙空间含水层内的一种假设,这种假设用微观水流来替代真实水流,通过假设微观流体以达到了解真实渗流流态的运动规律。

引入渗流模型后,与一般水流运动一样,渗流按照运动要素是否随时间变化而分为恒定渗流与非恒定渗流;根据运动要素是否沿程变化分为均匀渗流与非均匀渗流;非均匀渗流又可分为渐变渗流与急变渗流;根据有无自由水面还可分为无压渗流和有压渗流等。

当渗流场中水头流速等流动要素不随时间变化,即均匀稳定渗流时,在渗流场中取出一个单元土体,其体积 $dV = dxdydz$,有渗流连续性方程:

$$\frac{\partial V_x}{\partial x} + \frac{\partial V_y}{\partial y} + \frac{\partial V_z}{\partial z} = 0 \tag{6-1}$$

法国工程师达西在通过大量试验研究提出了渗流线性定理,是近现代渗流理论的雏形。其基本公式为:

$$Q = Ak\frac{(h_1 - h_2)}{L} \tag{6-2}$$

或

$$V = \frac{Q}{A} = -k\left(\frac{dh}{ds}\right) = kJ \tag{6-3}$$

上式称为达西流速公式。

式中:J——沿流程 s 的水头损失率,即渗透坡降;

k——渗透系数;

h——压力与位置高度的和,即测压管水头。

在各向同性土体的情况下,根据达西定律有:

$$v_x = k\frac{\partial \phi}{\partial x} \tag{6-4}$$

$$v_y = k\frac{\partial \phi}{\partial y} \tag{6-5}$$

$$v_z = k\frac{\partial \phi}{\partial z} \tag{6-6}$$

式中：k—— 单元土体的渗透系数；

φ—— 渗透水头，即：$\varphi = \dfrac{p}{\rho\sigma} + z$

p—— 单元土体中心出的水压力；

ρ—— 流体的密度；

g—— 重力加速度；

z—— 单元土体中心处的位置水头。

将公式（6-4）~（6-6）带入（6-1）中，则渗流连续性方程为：

$$\frac{\partial^2 \phi}{\partial x^2} + \frac{\partial^2 \phi}{\partial y^2} + \frac{\partial^2 \phi}{\partial z^2} = 0 \tag{6-7}$$

公式（6-7）表示三维无旋流的流态，在二维平面渗流问题情况下，公式（6-7）变为：

$$\frac{\partial^2 \phi}{\partial x^2} + \frac{\partial^2 \phi}{\partial y^2} = 0 \tag{6-8}$$

式（6-8）为渗流拉普拉斯方程，通过求解一定条件下的拉普拉斯方程，即可求解该条件下的渗流场。

渗流计算的有限元法可以适应更复杂的边界条件，在工程设计中得到广泛应用。将渗流区域进行单元划分，以结点水头 H 作为待求值，可得到与式（6-8）等价的计算方程如下：

$$[K]\{\Phi\} = 0 \tag{6-9}$$

矩阵 $[K]$ 由各单元的 $[K^e]$ 组成，单元中 ij 元素的表达式如下：

$$[K_{ij}^e] = \iint_e \Big[\frac{\partial N_i}{\partial x}\frac{\partial N_j}{\partial x} + \frac{\partial N_j}{\partial y}\frac{\partial N_j}{\partial y}\Big]\mathrm{d}x\mathrm{d}y$$

式中：N_i、N_j 为结点 i、j 的形函数。在上下游坝坡结点处，水头值已知，将其表示为 $\{\varphi_1\}$，其余待求结点的水头值表示为 $\{\varphi_2\}$，带入（6-9）后进行分块，可有

$$\begin{bmatrix} K_{11} & K_{12} \\ K_{21} & K_{22} \end{bmatrix} \begin{Bmatrix} \varphi_1 \\ \varphi_2 \end{Bmatrix} = \begin{Bmatrix} 0 \\ 0 \end{Bmatrix}$$

从而

$$[K_{22}]\{\varphi_2\} = -[K_{21}]\{\varphi_1\} \tag{6-10}$$

求解代数方程组（6-10），可以得出各节点水头值，进而绘制等势线和流网。据此计算各点的渗流比降、渗流流速以及通过全断面的单宽渗流量。采用试算法计算浸润线和

下游坝坡逸出点的位置。

2. 典型渗流计算模型

根据土力学和渗流力学理论,透水坝渗流计算可以结合渗流方程(陈明致和金来鉴,1982)和达西定律(郭诚谦和陈慧远,1992)进行计算。对于粒径小于3cm(渗透系数 $k <$ 0.15m/s)的滤料,垒筑的透水坝体,达西定律的适用范围为流速 $v < 1.5$m/h,水力坡降 J < 0.1,用雷诺数 Re 表达的达西定律上界为 Re < 5。透水坝一般满足上述应用条件,可以先假设认定水流在滤料间的流动为层流,进行水力计算。根据透水坝形状的不同,一般采用矩形和梯形两种。

(1)矩形模型。透水坝渗流矩形模型如图6-9所示。

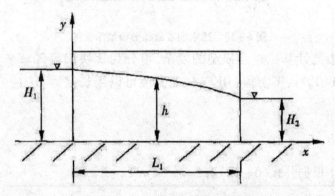

图6-9 透水坝渗流矩形模型示意图

透水坝截面为矩形,上、下游坝面均为垂直面;河底相对于透水坝而言可视其为不透水地基。假定坝体材料为均质砾石,渗透系数为 k,则有

$$q = \frac{k}{21}(H_1^2 - H_2^2) \tag{6-11}$$

式中:q——单宽流量(m^3/d);

L_1——沿水流方向长度(m);

k——渗透系数(m/d);

H_1——坝前水深(m);

H_2——坝后水深(m);

进一步推导,可以得到径流在坝体内最小停留时间的表达式。

$$T = \int^{L1} \frac{\sqrt{H_1^2 - \frac{2}{k}x}}{q}\mathrm{d}x = \frac{k}{3a^2}\left| H_1^3 - \left(H_1^2 - \frac{2q}{k}L_1\right)^{\frac{1}{2}} \right| \tag{6-12}$$

对于生态处理单元,常用停留时间表示植物根系和微生物与径流中营养物质接触程度,一般来说,停留时间越长,净化效果越好。所以,公式(6-12)中的停留时间可以评价生态透水坝净化效果的间接指标,也是生态透水坝的一个重要设计参数。

（2）梯形模型。透水坝渗流模型水力学计算方法可以参照梯形模型。如图 6-10 所示：透水坝截面为梯形，上、下游坝面为斜面，上游边坡系数为 m_1，下游边坡系数为 m_2。假设条件同前：不透水地基，均质砾石，稳定渗流。

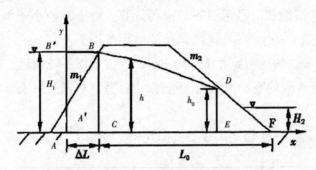

图 6-10 透水坝渗流梯形模型示意图

梯形模型的渗流计算比矩形模型的复杂，可分为 3 块渗流区域来考虑。即上游段（ABC）、中间段（BCED）、下游段（DEF）。上游段可以用长度为 ΔL 的等效矩形 $A'B'BC$ 代替：

$$\Delta L = \frac{m_1}{1 + 2m_1} H_1 \qquad (6-13)$$

中间段 BCED 根据公式（6-11）有：

$$q = \frac{k(H_1^2 - h_0^2)}{2(\Delta L + L_0 - M_2 h_0)} \qquad (6-14)$$

下游段 DEF 包括贴坡流和一个三角区域的渗流，可以用矩形替代法来估算：

$$q = \frac{k(h_0 - H_2)}{m_2 + 0.5} \left| 1 + \frac{H_2}{2nm_2 h_0 H_2 - nm_2 H_2^2} \right| \qquad (6-15)$$

因为 BCED 区域与 DEF 区域的渗流量是相等的，所以可通过联立公式（6-14）（6-15）并结合迭代法求解 h_0。

$$h_0 = \frac{[2(m_2 + 0.5)^2(h_0 - H_2) + m_2 H_2](m_2 + 0.5)}{2(m_2 + 0.5)2h_0 + m_2 H_2} \cdot \frac{q}{k} + H_2 \qquad (6-16)$$

一般来说，考虑到坝体稳定，常采用大砾石自然边坡系数（一般 $m > 1$）的梯形结构。对于梯形坝，贴坡渗流是始终存在的，所以 h_0 总是有解的。而且，随着渗流的进行，上、下游水位差会缩小，h_0 会下降接近 H_2，公式（6-14）中 $\Delta L + L_0 - M_2 h_0$ 也将随之变化，这是梯形模型与矩形模型求解过程中的不同。由于考虑到渗流过程中 h_0 的存在，所以使用梯形模型计算的结果比矩形模型要精准，而且数值相对较小。方程（6-15）中的 h_0 求解可以采用试值法进行。

梯形坝内水面方程为：

$$h = \left| H_1^2 - \frac{2q}{k} x \right. \qquad (6-17)$$

同理,可以得到上游段与中间段的自由水面的停留时间 T_1 为:

$$T_1 = \int_0^{\Delta L + L_0 - t_0} \frac{\sqrt[2]{H_1^2 - \frac{2q}{k}x}}{q} dx$$

对上式进行运算,得:

$$T_1 = \frac{k}{3a^2}\left\{H_1^3 - \left[H_1^2 - \frac{2q}{k}(\Delta L + L_0 - m_2 h_0)\right]^{\frac{1}{2}}\right\} \qquad (6-18)$$

下游段停留时间 T_2 为:

$$T_2 = \frac{2nm_2 h_2 H_2 - nm_2 H_2^2}{2q} \qquad (6-19)$$

式中:n 为坝体材料的孔隙率。

所以,径流在梯形坝内的停留时间 $T = T_1 + T_2$ 为:

$$T = \frac{k}{3q^2}\left\{H_1^3 - \left[H_1^2 - \frac{2q}{L}(\Delta L + L_0 - m_2 h_0)\right]^{\frac{1}{2}}\right\} + \frac{2nm_2 h_0 H_2 - nm_2 H_2^2}{3q} \qquad (6-20)$$

对于生态透水坝的渗流计算一般是先通过矩形模型进行估算,然后通过梯形模型进行精确计算。

(3)有限元计算模型。有限元法把渗流区域划分成若干个相互连接的有限子区域,并将水头函数用该子区域内连续分区水头函数进行替代,然后将这些子区域划分为有限单元。由于单元能按不同的连接方式进行组合,且有多种形态,所以利用有限元能够模拟复杂集合问题强大的功能,将结构体进行模型化后求解。

常用有限元法有以下几种。

直接法:是采用结构分析中的只适用于解决一些简单问题的直接刚度法。

变分法:是变分泛函数离散化后对结点场函数变分后得到数值的方法。其用途较广,但多数泛函数不宜求解,在使用上受限制。

加权余量法:在分析中以基本方程为出发点,在不完全遵守泛函数或变分原理的同时广泛应用于解决没有泛函数的问题。

能量平衡法:渗流分析中使用较少。

二、透水坝坝坡稳定计算的基本理论

坝坡稳定计算的目的,就是要确保坝坡在各种工况条件和外荷载作用下自身具有足够的稳定性,坝坡或坝体与坝基不受整体剪力破坏,保证坝体安全。在边坡稳定分析的条分法基础上建立的极限平衡原理是岩土力学中较为悠久的一种方法,它是经过长期工程实例的检验发展起来的。因此,现代数学、力学等学科的理论在实例中的应用虽然存在不严密之处,但该方法目前仍然是工程界大量采用的方法和分析手段。特别是 1930 年以来随着科技水平的不断提高,"条分法"理论日趋完善和严密,已形成了一个完整的理论体系。

1. 瑞典条分法(Swedish slice method)

瑞典条分法不是一种非常严格的条分法,除了假定滑动面为圆柱面外,还忽略了土条两侧面上的所有作用力,不满足滑裂体的力的平衡,也不满足条块力的平衡。因此,计算所得的稳定安全系数比其他严格的方法偏低。是条分法中最古老而又简单的方法。

2. 毕肖普条分法(Bishop)

毕肖普条分法也是一种非常严格的条分法。将土体竖直分条后,用抗滑剪切力与土条的下滑力的比值定义安全系数。它仍然基于滑动面为圆弧这一前提,考虑了土条之间的作用力,计算结果比较合理。

3. 简布法(Janbu)

简布法也称非圆弧滑动法,是一种严格的条分法。它适用于最一般土坡的情况,土坡面可以是任意的,而且该方法也考虑了各种可能受到的荷载。将土坡竖直分条后,也用抗滑剪切力与土条的下滑力的比值定义安全系数。假定滑动面上的切向力等于滑动面上土所发挥的抗剪强度,且土条两侧法向力的作用点位于土条底面 1/3 高度处。

4. 摩根斯顿—普莱斯法(Morgenstem – Priee)

摩根斯顿—普莱斯法可以满足所有静力平衡条件,适用于任意形状滑裂面,该方法在计算中将每个土条的重力、底面摩阻力、底面有效法向反力以及底面空隙水压力的作用点视为重合。点对土条地面中点取力矩平衡得到一个关于土条侧向力的微分方程,再在土条底面法向和切向两个方向导出两个满足力矩平衡的方程式,按照弹性理论或直观假设的方法选择条间力的函数关系式,利用迭代的方法求出安全系数。

三、渗流能力及渗透变形

1. 筑坝材料的渗透能力等级

透水坝的筑坝材料主要为砂石、砾石等透水性较大的材料以保证坝身过水,将坝体的渗透性分为中等透水、强透水、极强透水 3 个等级。各等级的渗透系数及透水率见表6 – 1。

表 6 – 1 岩土体渗透性分级

渗透性等级	标准	
	渗透系数 $k(\text{cm/s})$	透水率 $q(\text{Lu})$
中等透水	$10^{-4} \leq k < 10^{-2}$	$10 \leq q < 100$
强透水	$10^{-2} \leq k < 1$	$q \geq 100$
极强透水	$k \geq 1$	

2. 渗透变形的判别

坝体土料的渗透变形按其颗粒组成、密度和结构状态等因素分为流土、管涌、接触冲刷和接触流失四种,一般通过渗透变形试验确定。渗透变形判别应包括:①判别土的渗透变形类型;②确定流土、管涌的临界水力比降;③确定土的允许水力比降。

(1)土的不均匀系数的确定

$$C_u = \frac{d_{60}}{d_{10}} \tag{6-21}$$

式中:C_u——土的不均匀系数;

d_{60}——小于该粒径含量占总土重60%的颗粒粒径/mm;d_{10}——小于该粒径含量占总土重10%的颗粒粒径/mm。

(2)细颗粒含量的确定。级配不连续的土:颗粒大小分布曲线上至少有一个以上粒组在颗粒大小分布曲线上形成的平缓段的最大粒径和最小粒径的平均值或最小粒径作为粗、细颗粒的区分粒径d,相应于该粒径的颗粒含量为细颗粒含量p。

级配连续的土:粗、细颗粒的区分粒径为

$$d = \sqrt{d_{70} \cdot d_{10}} \tag{6-22}$$

式中:d_{70}——小于该粒径含量占总土重70%的颗粒粒径/mm。

(3)无黏性土渗透变形的类型。

不均匀细数$C_u \leqslant 5$的土可判为流土。

不均匀系数> 5的土:细粒含量$P \geqslant 35\%$时,判定为流土;细粒含量$25\% \leqslant P < 35\%$属过渡型,取决于土的密度、粒径和形状;细粒含量$P < 25\%$时,时,判定为管涌。

(4)接触冲刷判别。对双层结构地基,当两层土的不均匀系数均等于或小于10,且$\dfrac{D_{10}}{d_{10}} \leqslant 10$时,不会发生接触冲刷。$D_{10}$、$d_{10}$分别代表较粗和较细一层土的颗粒粒径(mm)小于该粒径的土重占总土重的10%。

(5)接触流失的判别。对于渗流向上的情况,符合下列条件将不会发生接触流失。

1)不均匀系数等于或小于5的土层:

$$\frac{D_{15}}{d_{85}} \tag{6-23}$$

式中:D_{15}——较粗一层土的颗粒粒径/mm,小于该粒径的土重占总土重的15%;

d_{85}——较细一层土的颗粒粒径/mm,小于该粒径的土重占总土重的85%;

2)不均匀系数等于或小于10的土层:

$$\frac{D_{20}}{d_{79}} \tag{6-24}$$

式中:D_{20}——较粗一层土的颗粒粒径/mm,小于该粒径的土重占总土重的20%;

d_{79}——较细一层土的颗粒粒径/mm,小于该粒径的土重占总土重的70%;

（6）流土与管涌的临界水力比降确定。

① 流土宜采用下式计算：

$$J_{cr} = (G_S - 1)(1 - n) \tag{6-25}$$

式中：J_{cr}—— 土的临界水力比降；

G_S—— 土粒比重；

n—— 土的孔隙率（以小数计）。

② 管涌型或过渡型可采用下式计算：

$$J_{cr} = 2.2(G_S - 1)(1 - n)^2 \frac{d_s}{d_{20}} \tag{6-26}$$

式中：d_s、d_{20} 分别为小于该粒径的含量占总土重的 5% 和 20% 的颗粒粒径 /mm。

③ 管涌型也可采用下式计算：

$$J_{cr} = \frac{42d_3}{\sqrt{k}} \tag{6-27}$$

式中：k—— 土的渗透系数 /cm/s；

d_3—— 小于该粒径的含量占总土重的 3% 的颗粒粒径 /mm。

（7）无黏性土的允许比降宜采用下列方法确定。以土的临界水力比降除以 1.5 ~ 2.0 的安全系数；当渗透稳定对水工建筑物的危害较大时，取 2 的安全系数；对于特别重要的工程也可用 2.5 的安全系数。无试验资料时，可根据表 6 - 2 选取经验值。

表 6 - 2 无黏性土允许水力比降

允许水力比降	渗透变形类型					
	流土型			过渡型	管涌型	
	$C_u \leq 3$	$3 < C_u \leq 5$	$C_u \leq 5$		级配连续	级配不连续
$J_{允许}$	0.25 ~ 0.35	0.35 ~ 0.50	0.50 ~ 0.80	0.25 ~ 0.40	0.15 ~ 0.25	0.10 ~ 0.20

注：本表不适用于深流出口有反滤层的情况。

四、反滤层设计准则

透水坝作为透水等级为强透水的坝体，为了防止渗透破坏，除了在滤料的颗粒级配遵循规范规定外，必要时要在进水、出水侧设置反滤层。反滤层是水工建筑物渗流控制的关键措施之一，经过近一个世纪的广泛应用，设计准则不断完善。由于透水坝筑坝材料为无黏性土，在此只列出无黏性土反滤层设计的原理和准则。

当被保护土为无黏性土，且不均匀系数 $C_u \leq 5 ~ 8$ 时，其第一层反滤料的级配，按太沙基准则选用，即

$$\frac{D_{15}}{d_{85}} \leq 4 ~ 5 \tag{6-28}$$

$$\frac{D_{15}}{d_{15}} \geqslant 5 \tag{6-29}$$

式中：D_{15} 为反滤料的特征粒径；d_{85}、d_{15} 分别为被保护土的控制粒径和特征粒径。

选择第二层反滤料时采用与以上相同的准则，只是应第一层反滤料作为保护，其余类推。对于不均匀系数较大（$C_u \geqslant 8$）的被保护土，可取 $C_u \leqslant 5 \sim 8$ 细粒部分的 d_{85}、d_{15} 作为计算粒径；对于不连续级配的土，则应取级配曲线平段以下作粒粗的 d_{85}、d_{15} 作为计算粒径。

第三节　生态透水坝工程典型设计实例

一、工程选址

生态透水坝的地理位置比较重要，一般说来，可根据以下几个原则确定。

（1）根据水体功能区选择坝址，透水坝宜布置在二级水功能区上游，既能调节水量又能起到净化水源的作用。

（2）坝址位置应避开死水区、回水区、排污口处，选择顺直河段、河床稳定、水面宽阔、水流平稳、无急流处。

（3）坝址附近如有水文测流断面应靠近水文测流断面，以便利用其水文参数，实现水质监测与水量控制的结合。

（4）坝前河道要足够长，以保证有足够的容积存蓄径流。

（5）河道宽度变化较小，河道宽度与深度等几何条件适宜建坝，以便控制生态透水坝的几何尺寸，从而节省投资。

（6）生态透水坝要处于大部分径流汇流入河口之后，以便提高处理效率。

（7）生态处理系统设计要紧凑，充分利用河道空间。

（8）运行维护方便。

二、筑坝材料的选择

生态透水坝筑坝材料主要有天然建筑材料和人造透水材料。天然建筑材料主要由质地坚硬、透水性强、耐久性好的粗砂、碎石、卵石、块石等，人造透水材料主要有人造砂、陶粒、珍珠岩、土工布等，且人造材料种类繁多。选择筑坝材料主要考虑以下原则。

（1）材料坚固、耐久性。

（2）材料透水性。

（3）材料强度、比表面积、孔隙率以及表面粗糙度等。

（4）宜于形成植物、微生物生长的基床。

（5）防淤堵性能好，使用寿命长。

（6）成本低,方便更换。

在选择筑坝材料时应以当地易得到的粗砂、碎石、卵石、块石等材料为主,滤料的选择可以参考人工湿地填料的选择,可以为粗砂、砾石、石灰岩、鹅卵石、陶粒、沸石、煤渣、珍珠岩、蜂巢石、火山岩等单一滤料。也可采用多种滤料组合的方式配置混合滤料。除常用沙砾卵石外还常用以下材料。

表6-3 常用部分筑坝滤料材料参数

滤料	相对密度	比表面积 （m^2/g）	主要成分				
			SiO_2（%）	Al_2O_2（%）	CaO（%）	MgO（%）	烧失量（%）
沸石	2.16	230~320	65~69	10~13	2.7~3.6	0.1~0.12	7~14
石灰石	3.4~4.0	50~100	4~6	—	45~52	1~7	—
煤渣	0.8~0.9	4~10	45~49	2~12.8	1.7~2.4	1~1.6	≤18
陶粒	3	1.8~3	69~88	10~15	3.5	2	6.5
蛭石	2.4~2.7		37~43	9~17	0.8~1	11~23	

注:表中参数仅供参考,与加工原材料密切相关且影响很大。

三、生态透水坝坝体结构

生态透水坝坝体构造应按照坝体建造功能、目标确定,满足污染物去除率、渗透流量、水力停留时间、结构稳定、抗水流冲刷能力、使用寿命等要求,形成"粗颗粒 — 细颗粒 — 粗颗粒"的层间结构型式。

为保证坝体结构稳定,渗透系数较大的粗颗粒材料用于坝壳,对遭受水流冲刷力较大的透水坝,还应增设石笼网等辅助材料防护。

为保证坝体层间结构的稳定性,在进水侧粗 — 细(或出水侧细 — 粗)颗粒之间设置滤料层,滤料层应满足反滤层设计准则和渗透变形要求。透水坝中间核心区可根据去污能力需求设置更适宜生物生长的基质层,以满足坝体水力负荷、水力停留时间、去污能力等指标要求。

目前国内外使用的基质可分为无机基质、有机基质和混合基质。无机基质:一般很少含有营养,包括砂、陶粒、炉渣、浮石、岩棉、珍珠岩等。有机基质:是一类天然或合成的有机材料,如泥炭、稻壳等,透水坝体内很少采用。混合基质:无机 — 无机混合、有机 — 有机混合、有机 — 无机混合。由于混合基质由结构性质不同的原料混合而成,可以扬长避短,在水、气、肥相互协调方面优于单一基质。

为使生态透水坝结构能够长期起到雍高水位、维持透水性的作用,一般不对去除 N、P 等污染物指标做控制性要求。因此,维持坝体具有较强的透水性,防止淤堵是生态透水坝设计的关键问题。

生态透水坝正常运行时,达到稳定渗流条件下,来水量等于透水量,达到动态平衡状态,是生态透水坝最理想的结构。渗透量的大小常取决于透水坝滤料的渗透系数,影响渗透系数的因素有筑坝材料的粒径、级配、填筑密度、压实度等。

四、前置库湿地生态透水坝典型设计

东洋河入库河口前置库湿地位置如图6－11所示,通过生态透水坝拦截上游河道日常径流,坝前形成前置库,通过种植挺水植物、浮水植物等消减入库水流的剩余污染物。河道日常径流通过拦河透水坝渗滤进入下游侧天然基质河床滩地人工湿地,进一步消减剩余污染物,确保入库水质达到Ⅱ类水水质指标要求。当上游流域遭遇强降雨、形成洪水径流蓄满了前置库库容时,通过水位自动调节透水坝中间橡胶坝塌坝行洪,使洪水直接入库。

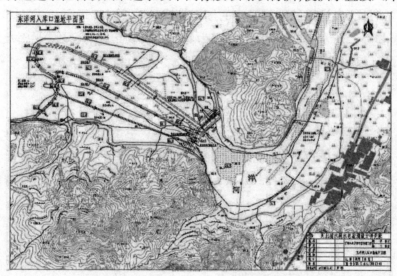

图6－11　东洋河入库河口前置库湿地位置

1. 生态透水坝坝体结构

生态透水坝坝体结构采用"堆石／滤层／滤料／滤层／堆石"结构,透水坝结构如图6－12所示,中间为2m宽滤料,两侧为反滤体,宽度均为1m,外壳为堆石体,堆石体上游边坡系数 $m_1 = 2.0$,下游边坡系数 $m_2 = 3.0$。

透水坝典型横断面(坝高5.1m)

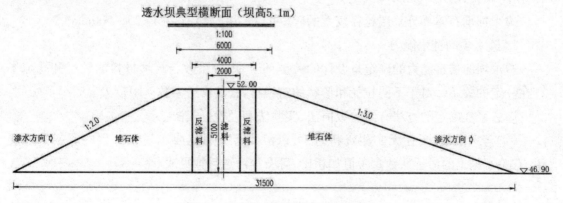

图6－12　透水坝坝体结构示意图

2. 筑坝材料设计

（1）滤料及反滤料。坝体中间为过滤体滤料，采用当地天然砂料，两侧为砾石或级配碎石反滤体，以保证中间过滤体料的渗透稳定，用下式确定颗粒大小和颗粒级配。

$$D_{15}/d_{85} \leqslant 4, D_{15}/d_{15} \geqslant 5 \tag{6-30}$$

式中：D_{15}——反滤体粒径，小于该粒径的土重占总土重的 15%；

d_{85}——过滤体粒径，小于该粒径的土重占总土重的 85%；

d_{15}——过滤体粒径，小于该粒径的土重占总土重的 15%。

考虑到过滤体的长期渗流作用，上式中采用不均匀系数不大于 5 的细粒部分的 d_{85}、d_{15} 作为计算粒径，综合当地砂砾料场中的细料情况后确定：$1.725\text{mm} \leqslant D_{15} \leqslant 25.6\text{mm}$。

（2）堆石体料。透水坝外壳为堆石体，为保持自身稳定外，还要满足对反滤体渗透变形的稳定要求。根据反滤要求的保护与被保护体之间的关系，用下式确定堆石体的粒径。

$$D_{15}/d_{85} \leqslant 4, D_{15}/d_{15} \geqslant 5 \tag{6-31}$$

式中：D_{15}——抛石体粒径，小于该粒径的土重占总土重的 15%；

d_{85}——反滤体粒径，小于该粒径的土重占总土重的 85%；

d_{15}——反滤体粒径，小于该粒径的土重占总土重的 15%。

综合当地砂砾料场的条件，透水坝坝壳抛石体颗粒粒径必须满足 $45\text{mm} \leqslant D_{15} \leqslant 252\text{mm}$。

考虑到反滤体填筑料粒径颗粒，堆石体填筑料的 $D_{15} = 50 \sim 80\text{mm}$

堆石体砂砾料的其他指标如下。

$C_u \leqslant 8$（保证堆石体本身为非管涌）；

$D_{60} = 250 \sim 320\text{mm}$（满足 C_u 而确定的粒径）；

$D_{10} = 40 \sim 50\text{mm}$（满足 C_u 而确定的粒径）；

$D_{100} = 500\text{mm}$（考虑机械设备和施工质量而控制的最大粒径）；

$D_0 = 25\text{mm}$（D_0 为堆石体砂砾料粒径的下限值，不小于填筑后砂砾料的平均空隙直径，由经验公式 $D_0 \geqslant 0.25 D_{20}$ 确定）

透水坝堆石体部分采用粒径较大的碎（卵）石、块（漂）石，粒径 $25 \sim 500\text{mm}$。

3. 透水坝的透水能力

透水坝的透水能力的确定是设计的关键环节，渗透系数与筑坝材料的粒径和孔隙率存在一定的关系。对于不同粒径和形状的筑坝材料，其渗透系数差距较大。

渗透系数确定的方法有经验数值法、实验法和经验公式法。

（1）经验数值法：在无实测资料时，可以参照有关规范或已建成工程的资料来选定值，有关常见土的渗透系数参考值如粗砂、砾石等渗透系数见表 6-4。

表 6 - 4　筑坝材料的渗透系数表

名称	砾石 20 ~ 40mm	碎石 5 ~ 20mm	粗砂 1 ~ 5mm	土工布 200g/m²
渗透系数 k(cm/s)	20 ~ 50	10 ~ 30	0.05 ~ 0.15	0.020 ~ 0.025
孔隙率	0.32 ~ 0.43	0.31 ~ 0.36	0.27 ~ 0.34	—

（2）实验法：实验室测定渗透系数主要有常水头和变水头方法，由于透水坝的筑坝材料为砂砾石或者粒径更大的材料，应选用常水头法。

（3）经验公式法：在没有试验条件的情况下，可采用计算方法确定渗透系数，但计算方法较多，对无黏性粗粒土，渗透系数计算最具有代表性的半理论半经验公式有：

哈森提出的有效粒径计算较均匀砂土的渗透系数公式：

$$k = d_{10}^2 \tag{6-32}$$

太沙基提出的考虑土体空隙比的经验公式：

$$k = 2d_{10}^2 e^2 \tag{6-33}$$

式中 d_{10}^2 为有效粒径，即颗粒累计含量为 10% 的粒径。

五、透水坝渗流量有限元分析

1. 透水坝结构数学模型构建

根据透水坝坝体结构建立数学模型，堆石体、反滤体、过滤体的渗透系数 k_1、k_2、k_3 分别为 30cm/s、5cm/s、0.45cm/s。

模拟计算假设条件：一是地基不透水，不透水地基厚度设为 2m；二是坝体内的水流处于层流状态（满足达西渗流定律）。

利用有限元软件 Geo - studio 中 Seep/w 模块对坝体进行渗流分析，分析剖面如图 6 - 13 所示。主要参数包括筑坝材料的容重、渗透系数、抗剪强度等物理和力学指标见表 6 - 5。

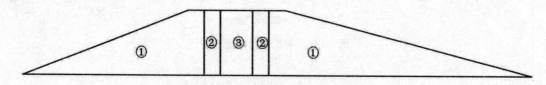

图 6 - 13　大坝标准横剖面计算简图

表 6 - 5　渗流及稳定分析选用物理力学指标表

序号	材料分区	渗透系数 （cm/s）	内摩擦角 （°）	容重 （kN/m³）	C（kPa）
①	堆石体	30	45	24.5	0
②	反滤体	5	45	20.58	0
③	过滤体	0.45	45	20.09	0

建立透水坝计算模型,包括几何模型、材料属性、网格划分、边界条件设定等,如图6 – 14～图6 – 17所示。

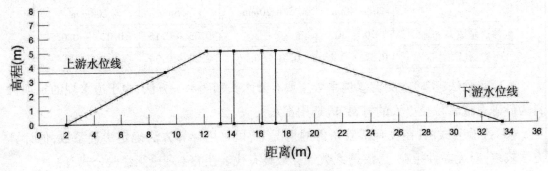

图6 – 14 几何模型图

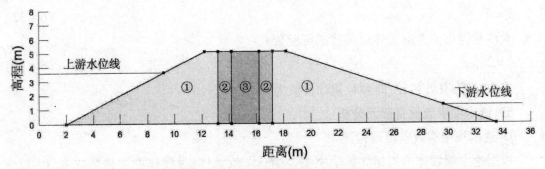

图6 – 15 大坝各区域材料定义图

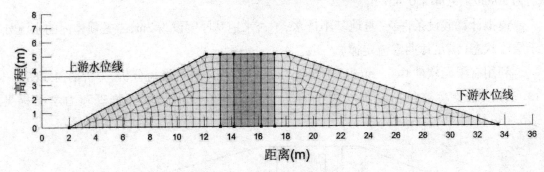

图6 – 16 有限元网格划分图

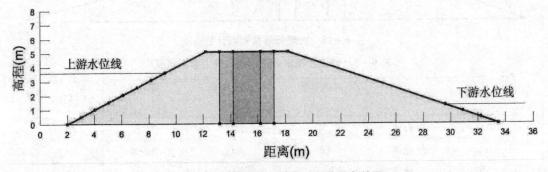

图6 – 17 大坝渗流分析前赋予边界条件图

2. 渗流分析计算

结合工程实际,拟定以下三种情况作为渗流分析计算工况。

工况一:上游低(壅)水位,即3.6m,下游最低水位1.3m。

工况二:上游正常(壅)蓄水位4.1m,下游正常低水位1.5m。

工况三:上游最高壅水位,即平坝顶水位5.1m,下游最高水位1.8m。

各计算工况下,透水坝浸润线、单宽流量以及总水头等值线云图如下。

工况一:上游正常蓄水位3.6m,下游最低水位1.3m。

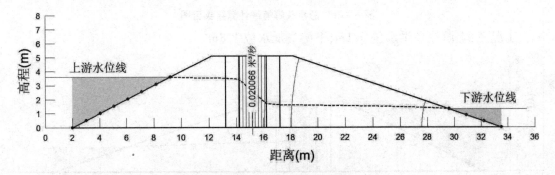

图6-18 浸润线和单宽流量计算结果图

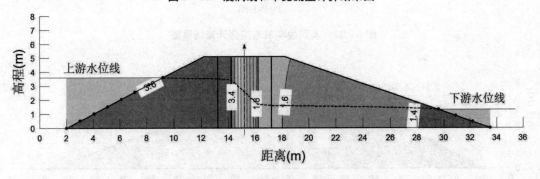

图6-19 总水头等值线计算结果云图

工况二:上游设计洪水位4.1m,下游最低水位1.5m。

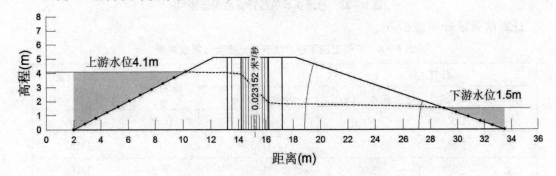

图6-20 浸润线和单宽流量计算结果图

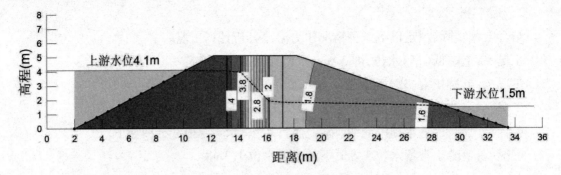

图 6-21 总水头等值线计算结果云图

工况三:上游校核洪水位5.1m,下游最低水位1.8m。

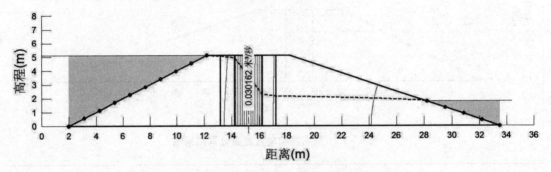

图 6-22 浸润线和单宽流量计算结果图

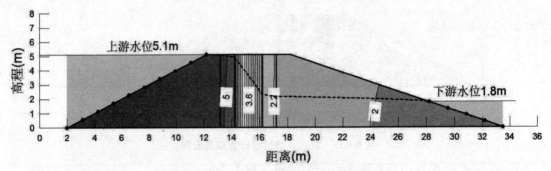

图 6-23 总水头等值线计算结果云图

计算结果统计如表6-6。

表6-6 不同工况下透水坝有限元渗流计算成果表

计算工况				最大比降	单宽流量 $[cm^3/(s \cdot m)]$
序号	工况	上游水位(m)	下游水位(m)		
①	工况一	3.6	1.3	0.85	20066
②	工况二	4.1	1.5	1	23152
③	工况三	5.1	1.8	1.2	30162

注:坝体等效长度按照105m计算,最小透水量满足设计要求。

由计算结果云图可以看出,浸润线在堆石体部分几乎是平的,在反滤体部分有略微的下降,主要下降段是在过滤体部分。这是因为堆石体和反滤体的渗透系数较大而过滤体的渗透系数较小,这与实际工程经验是相符的。

可以看出,各种工况下的单宽渗透流量都随着水位的逐渐升高而增大,说明上游水位升降的变化对坝体渗透量的确定影响大,水位上升单宽流量随之增大,水位下降单宽流量随之减小。水位变化和渗流量成正相关。

坝内最大渗透比降发生在材料②和③交界处,这是由于材料③主要起了过滤作用,渗透系数明显小于材料②,渗透比降较大。符合实际规律。工程实际实施中此处应设置相应的反滤措施防止渗透破坏。

3. 透水坝淤堵时渗透量分析

透水坝在渗水运行过程中不可避免地发生淤堵问题。淤堵问题也是阻碍透水坝工程应用的一大难题。透水坝渗透流量会随着淤堵的程度而降低,最终会导致坝体不能够满足设计渗透量而失效。故,淤堵时坝体的渗透性分析尤为重要。

由于淤堵问题发生在上游堆石体、反滤体和过滤体部分,下游的堆石体淤堵现象不明显。选择工况二情况下,分别计算坝体堆石体、反滤体、过滤体在淤堵 40%、50%、60% 时坝体的渗透量。计算结果如下。

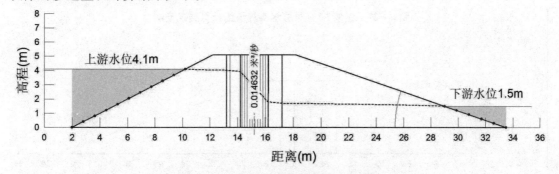

图 6-24 淤堵 40% 时的渗透量计算结果

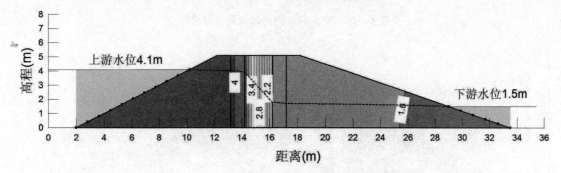

图 6-25 淤堵 40% 时总水头等值线计算结果云图

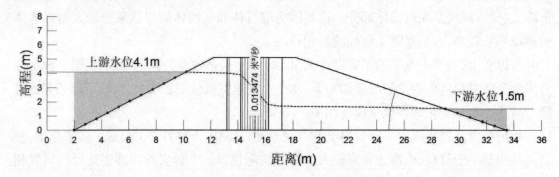

图 6 - 26　淤堵 50% 时的渗透量计算结果

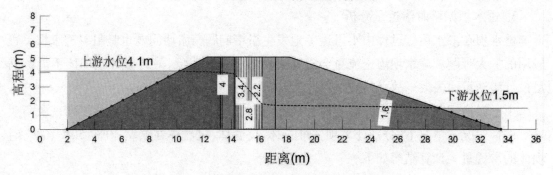

图 6 - 27　淤堵 50% 时总水头等值线计算结果云图

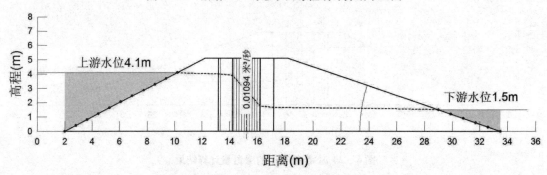

图 6 - 28　淤堵 60% 时的渗透量计算结果

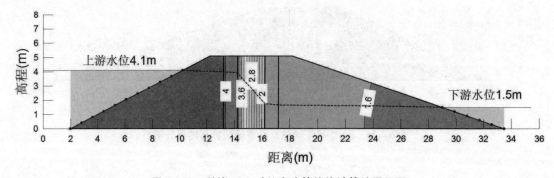

图 6 - 29　淤堵 60% 时总水头等值线计算结果云图

计算结果整理见表 6 - 7。

表 6 - 7 透水坝淤堵时渗透量计算表

淤堵程度	上游堆石体渗透系数（cm/s）	反滤体渗透系数（cm/s）	过滤体渗透系数（cm/s）	计算单宽流量 [cm³/(s·m)]
淤堵40%	18	3	0.27	14632
淤堵50%	15	2.5	0.225	13474
淤堵60%	12	2	0.18	10940

由计算结果可以看出,透水坝随着淤堵程度的增加,渗透量随之减少。下面通过物理模型实验进一步验证渗透量随时间衰减规律,预测透水坝的使用寿命。

六、生态透水坝结构渗透性物理模型试验

1. 模型比尺

设,模型的长度比尺为 λ ,流速比尺为 λv ,渗透系数比尺为 λ_k ,单宽流量比尺为 λq ,渗流量比尺为 λ_Q ,则有:

$$\lambda = \frac{L}{L_m}, \lambda_k = \frac{v}{k_m}, \lambda_k = \frac{k}{k_m}, \lambda_q = \frac{q}{q_m}, \lambda_Q \qquad (6-34)$$

式中:L、v、k、q、Q——分别表示原型的长度、速度、渗透系数、单宽流量、渗流量;

L_m、v_m、k_m、q_m、Q_m——分别表示模型的长度、速度、渗透系数、单宽流量、渗流量。

根据达西定律可得模型比尺关系如下:

流速与渗透系数的比尺关系:

$$\lambda_v = \lambda_k \qquad (6-35)$$

单宽流量与流速和渗透系数的比尺关系:

$$\lambda_n = \lambda\lambda_v = \lambda\lambda_k \qquad (6-36)$$

渗流量于单宽流量和渗透系数的比尺关系:

$$\lambda_Q = \lambda\lambda_g = \lambda^2\lambda_k \qquad (6-37)$$

时间比尺

$$\lambda_t = \lambda/\lambda_v = \lambda/\lambda^{\frac{1}{2}} = \lambda^{\frac{1}{2}} \qquad (6-38)$$

本模型采用长度比尺 $\lambda = 10$,渗透系数比尺 $\lambda_k = 10^{\frac{1}{2}} = 3.16$ 。由(6-34)式得出模型渗透系数 $k_m = 0.0032382 m/s$ 。

2. 模型制作

采用有机玻璃板材料制作,尺寸为 $120cm \times 30cm \times 35cm$,如图 6-30 所示,从右往左依次为坝前滤料,坝中箱体结构,坝后支撑结构三部分。管道、透水墙、箱体均用有机玻璃来模拟。图 6-31 所示为测量有机玻璃板尺寸,并对切割好的有机玻璃板进行打孔。图 6-32 所示为有机玻璃板进行粘贴后完成的生态透水坝物理模型。

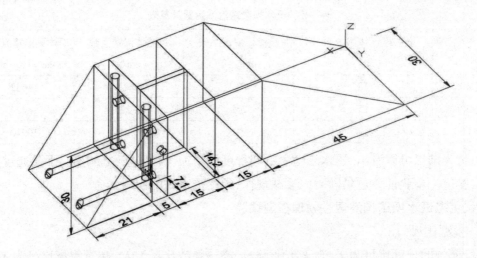

图 6-30　生态透水坝物理模型(单位:cm)

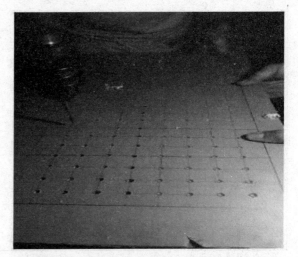

图 6-31　测量及打孔

图 6-32　制作完成的物理模型

3. 模型材料选择

根据坝体渗透系数要求,选择粗砂作为模型坝体填筑材料。取一定质量的河沙,用标准筛分出粒径 1.0～3.0mm、0.6～1.0mm 的粗砂和粒径 0.28～0.6mm 的中砂,用 TST－70 标准渗透仪测定不同粒径砂的渗透系数。如表 6－8 所示。

表 6－8　不同粒径砂的渗透系数

砂种类	粒径范围	压实孔隙比	渗透系数 cm/s
粗砂	1.0～3.0mm	0.75	0.658601
粗砂	0.6～1.0mm	0.7	0.324338
中砂	0.28～0.45mm	0.7	0.104277

通过实验,粒径范围在 0.6～1.0mm 的粗砂渗透系数与所需渗透系数接近,故用此粒径范围粗砂来填筑透水坝体,用 1.0～3.0mm 的粗砂填筑坝壳如图 6－33 所示。

图 6－33　渗透实验进行中

4. 渗滤试验

(1)清净水条件下渗流能力试验。渗流能力试验的目的是确定筑坝材料的渗透能力,即在清净水条件下透水坝的渗透系数及渗透水量。

采用自来水,水温为 21.5℃,从模型上游侧上游缓慢充水,直至保持上游某水位不变,并测得多组水位—渗透量,得坝体平均单宽渗流量为 336.4 $\text{cm}^3/(\text{s}\cdot\text{m})$。修正系数为 0.976,计算透水坝单宽渗透量为 328.3$\text{cm}^3/(\text{s}\cdot\text{m})$。由式(6－29)(6－30)可知,由模型单宽渗流量推算出原型单宽流量 $q = \lambda_n q_m = \lambda\lambda_k q_m = 0.01038276\text{m}^3/(\text{s}\cdot\text{m})$,实验值与计算值相比较,透水坝单宽渗流量实验值大于计算值 6.9%,在误差允许范围内。说明透水坝的渗透水量的计算值相似度较好。

(2)浊水条件下透水坝淤堵试验。淤堵试验的目的是确定透水坝的合理使用年限、拟合渗透系数随时间衰减函数。

采用天嘉湖废弃水库底泥作为污染物,与自来水充分搅拌混合,浓度为 2g/L。污水由水箱经过泵抽至透水坝模型上游,直至保持上游某水位不变,并测得多组水位—渗透量。试验过程中采用 HACH2100P 型浊度仪来测量水样浊度,使水体浑浊度维持在一定水平上,当浊度低于标准值的 20ntu 时再向水箱加入配好的污水。实验共持续了 45 天,每天测试透水坝的渗透量并做记录,测试结果如表 6－9 所示。

表 6 – 9　实测模型渗透水量记录表

天数	透水量 (cm³/s)	天数	透水量 (cm³/s)	天数	透水量 (cm³/s)	天数	透水量 (cm³/s)	天数	透水量 (cm³/s)	天数	透水量 (cm³/s)
1	100.92	10	75.87	19	65.03	28	49.16	37	43.34
2	97.8	11	75.01	20	64.1	29	48.68	38	43.29
3	92.23	12	73.24	21	62.68	30	47.79	39	41.07
4	87.46	13	72.16	22	60.57	31	46.78	40	39.39
5	80.82	14	70.31	23	58.05	32	45.15	41	38.22
6	79.49	15	69.68	24	55.88	33	44.63	42	37.38
7	81.69	16	68.84	25	53.99	34	44.66	43	30.92
8	78.48	17	67.29	26	52.37	35	43.99	44	27.73
9	77.1	18	65.88	27	51.08	36	43.29	45	23.7

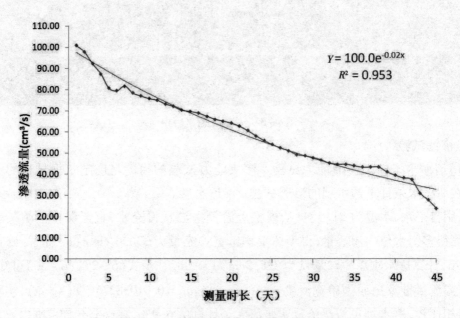

图 6 – 34　透水坝模型渗透量随时间的变化

实验表明,透水坝对污水固体悬浮物 SS 去除率与进水浊度关系密切。进水浊度越大,污染物去除率越高。

实验说明透水坝具有较好的净水效果,由于透水坝坝身截留污染物,导致滤料孔隙淤堵,长时间运行达到负载时透水坝会失效。实验过程如图 6 – 35 ~ 图 6 – 39 所示。

图 6 - 35　淤堵模型实验进行中

图 6 - 36　实验进行第 5 天时坝前淤堵情况

图 6 - 37　实验进行第 15 天时坝前淤堵情况

图 6 - 38　实验进行第 30 天时坝前淤堵情况

图 6 - 39　实验进行第 45 天时坝前滤料淤堵

表 6 - 10 透水坝模型渗透量随时间的变化,试验表明,透水量由最初的 100.92cm³/s, 45 天后降低到 23.70cm³/s,降低了 76%,不能满足透水坝设计透水量,此时模型坝体失效。

在淤堵实验初期渗透量下降明显,平均每天降低 5.39%。这是由于实验初期大颗粒污染物进入透水坝体,淤堵了滤料的较大缝隙。之后渗透水量随时间大致呈线性变化。当实验进行到第 43 天,渗透量呈明显降低趋势,短短三天由 37.38cm³/s 降到 23.70cm³/s,下降了近 37%,初步判定透水坝截留的污染物趋于饱和,污染物充满了透水坝的所有空隙,渗透水量已满足不了初始的设计需求,透水坝模型失效。

根据实验数据拟合稳定透水区间,透水坝模型渗透量随时间的变化的函数。

$$Q = 100e^{-0.02T_t} \qquad\qquad (6-39)$$

式中:T_t——稳定透水期间的时长(天);

       Q——透水坝渗透量(cm^3/s)。

透水坝模型宽度为$30cm$,则,透水坝模型单宽流量随时间变化的函数为:

$$Q = 3.33 \times 10^{-4} \cdot e^{-0} \qquad\qquad (6-40)$$

根据式(6-38)时间比尺和式(6-37)单宽流量比尺,带入式(6-40)中,得出透水坝原型单宽渗流量随时间变化的函数:

$$q = 105.3 \times 10^{-4} \cdot e^{-0} \qquad\qquad (6-41)$$

式中:t——稳定透水期间的时长(天)

      q——透水坝单宽渗透量$[m^3/(s \cdot m)]$。

第四节　不堵塞生态透水坝结构

1. 不堵塞生态透水坝结构

为使生态透水坝内部沉积的污泥能够排出,在透水坝反滤体、过滤体部位的底部设置一排或两排排泥沟(廊道),由于淤泥的比重大于水体比重,当渗透水流经过透水坝反滤体、过滤体时,淤泥就源源不断地进入排泥沟,每隔一定时间通过清掏,来保证透水坝渗流的长期有效性运行。

为观察排泥沟内污泥的蓄积量,在排泥沟两端、中部等适当位置,设置底泥观察井、底泥检查井和排泥井,通过观察井可以观测底部污泥的蓄积情况,通过排泥井排出淤积的底泥。

排泥沟长度一般大于透水坝长度,宽度一般不小于$0.8m$,排泥沟高度可根据是否进入确定,为方便排泥时冲洗排泥沟纵向坡度一般不小于0.5%。排泥沟顶部设置钢筋混凝土盖板箅子,箅子开孔小于粗砾石粒径,防止砾石落入排泥沟;每块盖板需特别定制,详见下示意图6-40。

图6-40　排泥沟和混凝土顶拱箅子示意图

2. 不堵塞生态透水坝结构的排泥时间的计算方法

不堵塞生态透水坝的排泥时间的计算方法,包括以下步骤:

第一步,计算排泥沟体积 V_0,m^3

$$V_0 = l \times b \times (h_1 + h_2)/2 \tag{6-42}$$

式中:l—— 排泥沟长度,m;

　　　b—— 排泥沟横断面宽度,m;

　　　h_1、h_2—— 分别为排泥沟进出口两端高度,m;

第二步,计算透水坝每日产生的干泥重量 W,kg/d

$$W = 0.001 \times Q \times (C_1 - C_2) \tag{6-43}$$

式中:Q—— 通过透水坝的渗透水流量,m^3/d;

　　　C_1、C_2—— 分别为透水坝进出口悬浮物浓度,mg/L;

第三步,计算透水坝每日淤泥蓄积量 V_1,m^3/d

$$V_1 = \frac{(1 + \omega) \times W}{\rho} \times 0.001 \tag{6-44}$$

式中:ω——淤泥含水量,一般在85%左右;

　　　ρ——淤泥的湿密度,g/cm^3,无试验资料时取 $1.20 \sim 1.50 g/cm^3$;

第四步,计算并确定排泥时间 T,d

$$T = V_0/V_1 \tag{6-45}$$

沉积在排泥沟中的底泥得到及时清理,漏泥算子的孔槽尺寸一般为 $5 \sim 20mm$,开孔尺寸应防止填料落入排泥沟;排泥沟顶部为微拱型钢筋混凝土板,排泥沟底部也设计成微拱型结构。

已建成的透水坝缺少排泥设计,有的采用反冲洗等方式疏通堵塞的污泥,其效果非常有限,一般运行 $4 \sim 5$ 年就失去其效能了。本研究不堵塞的透水坝,能够持续有效地排泥,彻底解决了污泥堵塞的问题,理论上可持续高效运行。但由于生态透水坝过滤材料的吸附、微生物群落、植物根系等作用,透水坝的渗透水量随时间减少,根据已建示范工程预测可运行 $15 \sim 20$ 年的时间,基本满足此类建筑物使用周期的要求。

第七章 流域污染源监控与预警机制

水污染物总量监控概念兴起于欧洲及北美的发达国家,其环境监控办法具有大范围、联动式的特点,后传入美国,在美国,环境监控数据主要来源于由美国内政部成立的联邦地理调查技术机构及社会团体志愿者。对于污染源的监控,国外主要是通过工业企业的自觉性监控和排污申报掌握各污染源的排污信息,环保部门只负责对企业的上报结果进行统计并进监督。监控的高度自动化、健全的法律法规和严厉的惩罚措施大大降低了企业谎报排污数据的可能性。

我国环境治理工作发展滞后,对水环境的监控方法相比发达国家较为落后,虽然已成立了三峡水环境监控网等大型的水质监控网络,但由于我国环境管理工作以行政区进行划分,缺乏对流域的整体管理性。往往在流域水质发生问题时,各行政区管理不到位,使得环境问题迟迟不能解决。

我国从 20 世纪 90 年代中期开始对环境污染预警模型及系统进行研究,提出了多中心多指标的区域水环境污染预警系统,并进行了系统的阐述。建立流域河系网络模型,并以河段为纽带,将污染源、水质监测站、取水口等信息集成后,就可利用 GIS 的网络分析功能对河流水污染源和突发性水污染事件的影响范围进行追踪,以提高河流污染源管理的效率,保障流域水环境安全。近几年,随着国家对于污染治理的重视,以及地理信息系统技术的飞速发展和广泛应用,对污染评价与预警系统的研发也越来越受到重视。

通过已经创建的地形高程数据库、土地利用类型数据库、污染物数据库、降雨数据库以及构建的水源地生态保护模型,建立"数字化洋河水库流域水源地污染监控与预警系统",能够更好地为洋河水库流域水源地环境治理和生态保护进行分析、模拟预测,以及能够实时动态监测水质,为处理突发性水污染事故提供科学决策依据。

我国的排污数据主要由企业的排污申报登记、环境统计系统的收集两部分组成。排污申报要求企业预计出按未来 5 年内的排放污染物的种类、浓度、数量、排放去向,这一制度使收集到的数据缺乏可信性,无法掌握排污企业实时的排污数据。我国《水污染物排放总量监控技术规范(HJ/T92 - 2002)》规定"环境保护行政主管部门所属的监控站对排污单位的总量控制监督监控,重点污染源每年 4 次以上,一般污染源每年 2 ~ 4 次"的要求,因此我们根据国家关于水污染监控的要求,对洋河水库流域污染监控及预警方法进行研究,构建库区水环境风险评估系统。

第一节 流域污染源动态监测

洋河水库流域水环境质量监控目前主要采用人工监控方式。针对流域污染现状分布及污染物的特点,洋河水库流域的 4 条主要水系拟设置 15 个监控断面进行监测。根据国家《污水综合排放标准》(GB8978 – 1996)二级标准,设定监控项目为水温、pH 等 15 项。具体监测项目如下表所示。

表 7 – 1　水质监测项目表

检测项目	单位	检测标准
水温	℃	
pH 值	–	6 – 9
化学需氧量	mg/L	150
五日生化需氧量	mg/L	150
氨氮	mg/L	25
总磷	mg/L	0.5
铜	mg/L	1.0
锌	mg/L	5.0
氟化物	mg/L	10
氰化物	mg/L	0.5
挥发酚	mg/L	0.5
石油类	mg/L	10
阴离子表面活性剂	mg/L	10
硫化物	mg/L	1.0
粪大肠菌群	个/L	500

一、监测采样点的布置

流域监测点位置选取根据流域雨量站位置分布进行设置,使得雨量站同时具备雨量检测及水质监测功能,位置示意图如图 7 – 1 所示。检测样点布置原则:在确定及优化地表水监测时应遵循尺度原则、信息量原则和经济性代表性及可控性原则和不断优化原则。监测点应较好地反应水系区域水环境质量状况,水污染特征及要具有较好的可行性及方便性。

采样点的确定方法:设置断面后,应根据水面的宽度确定断面上的采样垂线,再根据采样垂线的深度决定采样点的位置和数目,具体采样点布置原则如下。

(1)对于江、河、湖等水系的每个监测断面,当水面宽度≤50m 时,只设一条中泓垂线;当水面宽度50~100m时,在左右岸有明显水流处各设一条垂线;当水面宽>100m时,设左、中、右三条垂线(中泓及左、右岸有明显水流处),如证明断面水质均匀时,可仅设中泓垂线。

(2)在一条垂线上当水深≤5m时,只在水面下0.5m处设一个采样点;水深5~10m时,在水面下0.5m处和在河底以上0.5m处设一采样点;水深>10m时,设三采样点,及水面下0.5m处、河底以上0.5m处以及1/2水深处各设一采样点。如果存在间温层,应先规定不同水深处的水温、溶解氧等参数,确定各层情况后再确定垂线上采样点的位置。

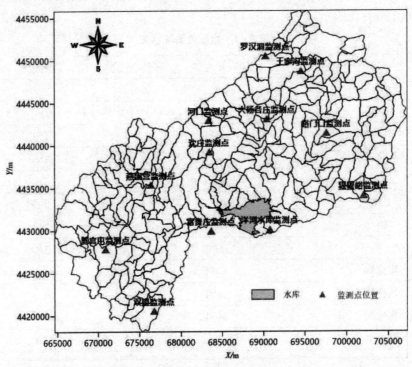

图7-1 洋河流域水质监测点位置示意图

二、水质自动监测点布置

目前,洋河水库流域暂无水质自动监控站,水质自动检测站可以实施地表水水质的自动检测,同时完成水质的实时连续监测和远程监控。水质自动监控系统由采水单元、预处理单元、配水单元、反冲洗单元以及数据采集传输与控制单元组成,如图7-2、7-3所示。

图7-2　监测站采水

图7-3　监测站水质分析单元

　　流域内拟建设水质自动监测站3个,分别位于富贵庄、峪门口以及洋河水库西洋河水系入口处,建立县一级污染源监控网络,对流域内25家企业污染源、246个村庄排放的包括生活源污染、禽畜污染物、化肥农药以及城镇地表径流及水土流失等污染负荷按每月开展一次考核性监控;考核指标包括 TN、TP、NH$_3$-N、COD 等。通过取得大量监控数据,从而掌握洋河水库流域非点源污染流失状况,自动监测站分布如7-4图所示。

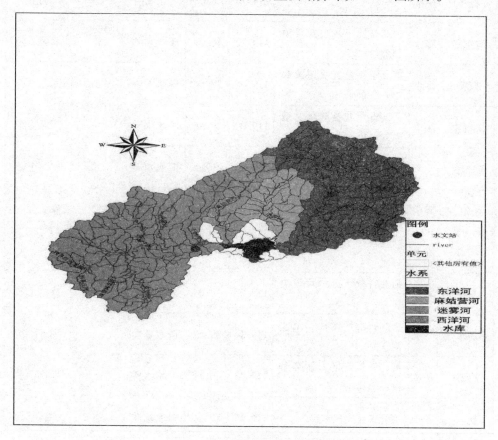

图7-4　水质自动监测站分布图

表 7 – 2 现有水情测报遥测站点类型、位置列表

测站名称	类别	地址	东经	北纬	观测项目	具体位置
洋河水库	水文	河北省抚宁区抚宁镇大湾子村	119.14	39.59	水位流量泥沙水温水质	库区内
峪门口	水文	河北省抚宁区大新寨镇峪门口村	119.19	40.05	水位流量泥沙水温地下水水质	库区上游
富贵庄(洋)	水文	河北省卢龙县燕河营镇富贵庄村	119.09	39.59	水位流量水质	库区上游
罗汉洞	降水	河北省青龙满族自治县隔河头乡罗汉洞村	119.14	40.10	降水水质	库区上游
王家沟	降水	河北省抚宁区大新寨镇王家沟村	119.17	40.09	降水水质	库区上游
峪门口	降水	河北省抚宁区大新寨镇峪门口村	119.19	40.05	降水蒸发蒸发(气象)辅助项目水质	库区上游
大杨各庄	降水	河北省抚宁区台营镇吕良峪村	119.14	40.06	降水水质	库区上游
猩猩峪	降水	河北省抚宁区大新寨镇猩猩峪村	119.22	40.01	降水水质	库区上游
双望	降水	河北省卢龙县双望镇双望二分村	119.04	39.54	降水水质	库区上游
陈官屯	降水	河北省卢龙县陈官屯镇陈官屯村	119.00	39.58	降水水质	库区上游
燕河营	降水	河北省卢龙县燕河营镇一街	119.04	40.02	降水水质	库区上游
富贵庄	降水	河北省卢龙县燕河营镇富贵庄村	119.09	39.59	降水水质	库区上游
河口	降水	河北省抚宁区台营镇河口村	119.09	40.06	降水水质	库区上游
沈庄	降水	河北省抚宁区台营镇沈庄村	119.09	40.04	降水水质	库区上游
洋河水库	降水	河北省抚宁区抚宁镇大湾子村	119.14	39.59	降水蒸发水质	库区上游
跌死牛	降水	河北省抚宁区大新寨镇箭杆岭村	119.33	40.14	降水水质	库区上游
抚宁	降水	河北省抚宁区东街	119.15	39.54	降水水质	库区下游
留守营	降水	河北省抚宁区留守营镇前韩家林村	119.20	39.47	降水水质	库区下游

第二节　水源地水质变化趋势的预警方法研究

水源地水质演化趋势预警拟通过整合包括水环境质量、水污染信息、地理信息等数据,结合水质预测模型、评价模型,充分利用高速的计算机网络、数据库等先进的信息处理技术,为洋河水库流域水环境管理和环境决策提供有力的信息技术支持。整个系统共由三部分模块组成,分别是信息收集模块、水质预测模块和流域污染分析评价模块,水质预测模块具体工作流程如图 7 – 5 所示,洋河水库流域水环境风险评估系统图如图7 – 6所示。

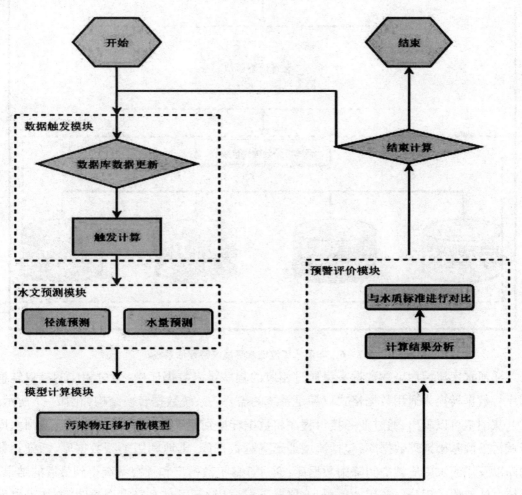

图 7 – 5　水质预测模块工作流程图

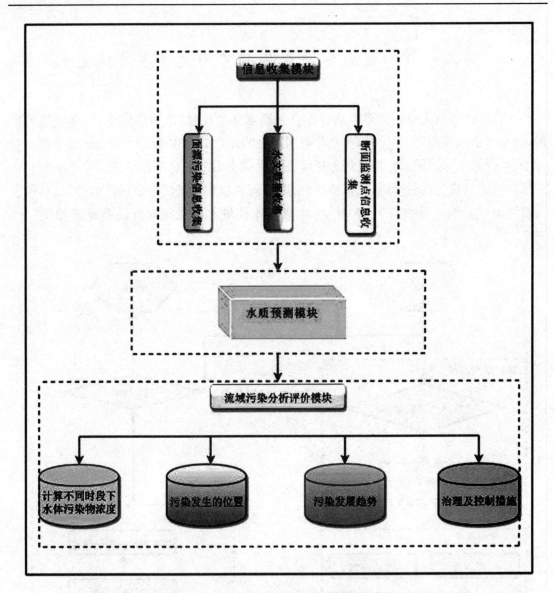

图 7 - 6 洋河水库流域水环境风险评估系统

洋河水库流域污染物数据采集通过相应的程序录入数据库中,通过相应的接口转换程序将数据转换为通用数据格式以满足系统的需要。系统数据转换结构如图 7 - 7 所示。

从图中可以看出,通过业务接口程序将数据转换到业务数据库中,然后结合洋河水库流域污染源基础地理数据库,包括流域地形高程数据库、土地利用类型数据库、污染物数据库以及洋河水库流域空间降雨数据库,通过迁移扩散模型和预警系统得到最后的结果。系统总体架构采用分层调用的思想,上层对下层调用,下层对上层完全透明,这样可以做到系统中各个模块有效的分离,且各个模块之间分工明确。

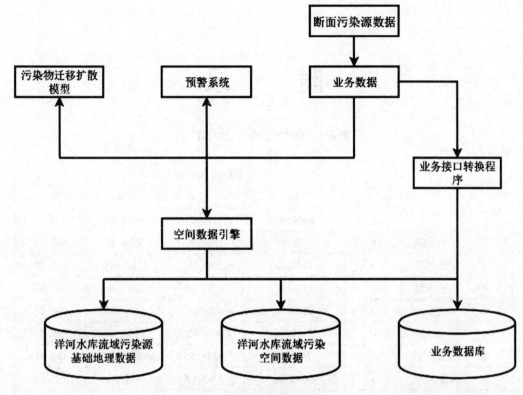

图 7 - 7 系统数据转换结构图

主要对监测数据、污染源、污染事故等信息进行查询、更新、删除、导出等操作。污染源信息主要包括单元的序号、空间坐标、污染物种类等,检测数据主要以水体为检测对象,按时间、断面名称、污染元素浓度等进行管理。

其中,信息收集模块包含各个雨量站监测点及水质自动监测站所记录的面源污染相关数据以及水文站记录流域相关水文数据,监测点监测频率为每月一次,而水质自动监测站则以日为时间步长,实时记录各种水质参数。

水质预测模块则主要由围绕流域构建的洋河水库流域污染整治数学模型组成,模型通过输入信息收集模块的各项数据,对仿真时间内的面源污染进行预测分析,从而得出相应时间段内污染物的变化趋势,为未来流域污染的分析及预警提供相应数据支持,同时设置模型校准模块,通过实时校准算法,保证模型的精确性以及模型结果的准确性。

流域污染分析评价模块可以对水质和污染进行现状评价,通过不同时段、不同参数水质评价,可以指出水体的污染程度,主要污染物质、污染时段位置及发展趋势,从而为水污染的预防和控制提供有价值的参考依据。水环境质量评价采取单因子超标倍数法、模糊综合评判等多种方法,可以根据需要选取适当的方法。模块中,我们同时可以运用人工智能技术,将模型计算数据放入相应分析决策模块中,由决策系统得出定性的分析辅助决策。

附　　录

附表1　现状村庄各污染物排放量

村庄编号	村名	水系编号	现状村庄各污染物排放量（kg）			
			TN	TP	COD	NH$_3$-N
1	安屯	1	8464.52	3110.21	5494.33	938.70
2	八家寨	4	4978.84	1896.58	6574.34	648.88
3	白各庄	4	1476.10	530.50	586.81	162.74
4	白家坊	4	3376.87	1195.22	864.74	364.09
5	北单庄	4	2048.96	758.65	1507.06	236.18
6	北刁	0	2294.79	972.02	8112.35	394.53
7	北花台	4	3913.37	1385.56	820.06	414.21
8	北坎子	4	3690.28	1295.06	335.60	380.94
9	北台庄	2	3685.90	1367.75	5380.20	469.24
10	北寨	1	19739.95	6873.87	422.81	2008.38
11	北张	3	2938.20	1136.93	6170.18	407.91
12	毕家窝铺	4	4244.15	1494.22	714.02	446.65
13	渤河寨	2	5177.86	2054.83	14083.63	792.84
14	蔡各庄	4	10364.05	3622.80	568.91	1053.13
15	常各庄	4	9609.60	3439.37	3460.45	1042.77
16	陈官屯	4	9597.13	3817.95	17487.46	1326.76
17	陈家黑石	1	4393.59	1796.29	6419.89	525.72
18	陈家铺	4	2578.82	1011.92	6163.99	370.47
19	陈庄	2	2119.13	761.94	2180.48	246.15
20	城柏庄	4	3175.27	1124.45	725.58	339.30
21	城角庄	4	10368.14	3622.28	1195.85	1072.24
22	城里	3	5427.58	2191.34	14947.93	845.31
23	程家沟	1	39100132.00	1381.01	533.49	405.01
24	程庄子	4	2663.62	987.18	1891.22	303.58
25	楚庄	2	2620.79	997.25	5155.69	354.99

村庄编号	村名	水系编号	现状村庄各污染物排放量(kg)			
			TN	TP	COD	NH$_3$-N
26	大曹各寨	2	7522.42	2745.89	5031.36	834.03
27	大岭	4	2045.42	728.54	659.89	220.17
28	大刘庄	4	11523.78	4160.25	5185.78	1266.84
29	大彭庄	4	9582.54	3429.96	3802.78	1051.09
30	大石窟	1	2101.94	750.58	605.31	220.43
31	大王屯	4	9460.71	3311.52	765.35	971.62
32	大新庄	4	7203.49	2535.62	1169.85	762.95
33	大杨	2	3021.43	1194.40	7392.51	444.53
34	代家汀	0	2011.56	720.58	1447.89	226.64
35	单庄	4	5902.61	2134.86	3222.91	667.43
36	单庄	1	6036.12	2129.64	1279.48	629.88
37	丁各庄	4	5279.76	1865.41	1022.23	560.09
38	丁家庄	4	9487.21	3487.18	6217.12	1076.96
39	东董各庄	4	5561.24	2014.85	3253.24	632.47
40	东沟	2	2335.71	886.75	3809.56	282.76
41	东花台	4	3719.68	1314.87	817.11	395.15
42	东马庄	4	3360.97	1185.45	698.67	356.45
43	东三里庄	4	3038.20	1093.62	1465.30	339.72
44	东胜寨	4	2708.65	1015.59	4082.18	343.34
45	东水沟	4	71.06	29.76	152.58	11.43
46	东吴庄	4	4300.68	1517.89	870.52	458.38
47	东周	3	3150.72	1183.64	4866.17	403.53
48	冬暖庄	3	3766.39	1447.78	7123.83	518.09
49	董各庄	1	10089.58	3532.33	766.99	1033.48
50	都石村	1	16934.84	5918.57	865.64	1715.82
51	杜各庄	4	3183.90	1303.23	9252.78	503.62
52	二街	4	4678.94	1656.70	954.75	495.52
53	二村	0	2464.16	903.59	2737.97	297.40
54	二村	1	16022.24	5574.12	491.25	1621.36
55	二分村	4	4224.27	1524.31	2199.53	477.55
56	范家店	1	17232.58	6060.07	2865.51	1790.09
57	范家庄	4	3135.69	1173.14	3312.68	388.32

村庄编号	村名	水系编号	现状村庄各污染物排放量（kg）			
			TN	TP	COD	NH₃–N
58	冯家沟	4	8107.59	2902.16	3199.70	886.60
59	扶崖沟	4	5571.54	2325.53	19273.87	947.32
60	付各庄	4	7548.30	2639.07	481.92	769.75
61	富贵庄	4	4826.16	1709.81	1133.20	517.70
62	富裕庄	2	2773.85	1085.54	5641.37	388.66
63	干涧	4	6858.18	3145.08	34548.17	1396.21
64	干涧岭	4	2729.94	1041.24	5367.09	366.74
65	高家庄	4	3107.30	1098.11	582.95	327.51
66	耿各庄	4	4131.87	1463.71	965.60	441.74
67	郭家场	1	6262.18	2179.98	88.15	632.81
68	郭庄	2	2769.78	1097.10	7614.43	422.86
69	韩官营	4	6134.23	2207.84	2875.19	680.93
70	韩江峪	4	4155.91	1487.33	1671.17	456.93
71	韩庄头	4	12865.02	4545.93	2736.36	1361.05
72	何官屯	4	3732.03	1457.58	4613.32	455.63
73	河口	4	3134.71	1181.56	5373.33	411.49
74	河南庄	4	5516.52	1954.43	1251.59	589.05
75	后官地	4	6399.20	2397.71	5792.56	758.60
76	后麻	2	4202.91	1651.72	10174.14	618.78
77	后朱家峪	2	5310.12	1908.61	1561.73	557.75
78	呼各庄	1	20322.22	7139.90	2098.99	2076.12
79	户部寨	4	2208.12	797.10	853.51	241.09
80	花果山村	1	4470.60	1597.53	1389.95	479.18
81	华庄	2	2224.85	817.65	2747.93	267.30
82	黄土坎	0	5494.05	2325.69	17049.55	878.07
83	黄崖子	4	4453.60	1565.73	652.53	465.88
84	贾家河	1	3837.96	1349.08	553.99	397.15
85	箭杆岭	1	3578.77	1295.53	2129.84	409.45
86	竭家沟	3	3165.43	1213.00	5900.50	425.81
87	界岭口	1	6050.96	2179.10	1698.47	631.56
88	巨各庄	2	4285.64	1656.62	10494.47	619.31
89	康各庄	4	5681.78	2490.89	23661.18	1056.97

村庄编号	村名	水系编号	现状村庄各污染物排放量（kg）			
			TN	TP	COD	NH_3-N
90	老沟村	1	68132.40	23727.72	876.31	6835.99
91	李各庄	0	2806.40	1156.50	8288.89	429.85
92	李各庄	4	7897.12	2787.50	1533.09	841.97
93	李家窝铺	4	4731.08	1657.00	420.89	485.37
94	栗树港	4	2128.79	762.43	795.86	235.12
95	良仁庄	4	6559.11	2308.88	978.83	687.91
96	梁家湾	1	6247.77	2173.98	60.27	629.68
97	亮马山	4	677.36	240.82	171.94	73.26
98	廖各庄	4	5370.16	1964.30	3707.45	621.87
99	刘陈庄	4	5346.94	1992.30	5383.19	658.71
100	刘各庄	4	4596.47	1662.13	2442.92	516.72
101	刘王庄	4	2879.66	1015.37	556.98	305.59
102	柳各庄	3	4056.52	1524.15	6027.30	522.87
103	柳树沟	1	3619.27	1364.89	2470.84	396.38
104	六村	0	20801016.00	772.59	2612.43	259.76
105	鹿各庄	3	3087.32	1151.83	4730.18	394.40
106	鹿角峪	4	2483.52	887.36	867.24	272.11
107	伦家洼	4	5084.24	1880.40	4026.55	595.76
108	罗家沟	1	3750.61	1304.79	46.68	378.86
109	罗家沟村	1	6570.05	2323.29	1559.56	699.21
110	落轮峪	1	3083.79	1109.81	724.62	314.50
111	吕良峪	2	2870.56	1103.32	6233.59	403.47
112	马坊	1	14068.73	5117.03	4486.55	1456.14
113	马家坊	2	2572.47	1049.13	7152.96	403.56
114	马家黑石	1	1768.16	616.02	95.85	184.61
115	马家洼	4	8871.19	3113.70	1075.29	919.70
116	蛮子营	4	10640.04	3927.13	6517.75	1183.59
117	毛庄	0	2274.24	902.90	5100.33	330.52
118	迷雾	2	45229.69	15744.31	2518.07	4566.46
119	苗官营	4	2616.90	982.44	2961.23	330.03
120	庙岭	4	1830.54	675.34	2116.56	220.15
121	庙岭沟	2	3542.24	1262.63	1165.95	382.07

村庄编号	村名	水系编号	现状村庄各污染物排放量(kg)			
			TN	TP	COD	NH_3-N
122	南大峪村	1	66206.18	23051.47	642.31	6638.42
123	南关	3	4366.13	1753.42	10461.63	619.50
124	南寨	1	45204.51	15791.15	1443.71	4552.02
125	年家洼	4	4572.36	1839.26	8763.47	635.90
126	牛角峪	0	5261.97	2234.42	19351.13	920.48
127	牛兰甸	2	9385.66	3505.87	5781.57	1025.42
128	庞各庄	1	2230.36	775.02	259.09	228.15
129	平房店	4	3512.72	1569.28	13982.57	609.56
130	七村	0	2829.84	1027.00	2475.95	326.55
131	七家寨	0	3509.45	1335.72	6990.94	486.92
132	前官地	4	8996.58	3325.66	7516.45	1069.77
133	前麻	2	5107.22	2242.38	20141.42	941.32
134	前朱家峪	2	7027.12	2550.48	3049.98	762.21
135	钱庄	2	5693.87	2486.47	20908.84	973.79
136	乔各庄	4	6302.61	2205.90	474.10	645.45
137	巧咀	3	2189.79	810.89	2857.90	267.45
138	秦庄头	4	11514.66	4101.49	3767.62	1247.23
139	青山口	0	3739.12	1540.43	11823.54	617.39
140	染庄	4	12313.29	4528.69	9875.22	1461.62
141	三 街	4	4157.61	1465.14	649.84	436.80
142	三村	0	2784.42	1003.81	2240.02	319.52
143	三村	1	16849.41	6534.90	18874.49	1972.83
144	三分村	4	7107.01	2522.81	2327.31	791.92
145	三里庄	0	2136.67	770.10	1815.16	244.97
146	桑家岭	4	6679.90	2455.72	5094.39	783.21
147	沙金沟	3	2580.79	1002.67	5296.58	356.06
148	山后	3	2175.89	805.93	2209.95	255.99
149	山神庙	4	3160.39	1236.50	6996.03	448.74
150	上梨峪	4	6829.98	2520.39	5645.05	811.75
151	上兴隆庄	4	9184.86	3222.64	914.47	948.28
152	沈庄	3	4822.53	2037.39	15089.20	778.52
153	狮子庄	1	7840.68	2795.83	2536.63	838.68

续表

村庄编号	村名	水系编号	现状村庄各污染物排放量(kg)			
			TN	TP	COD	NH₃－N
154	石碑沟	3	3058.32	1097.01	3554.89	356.04
155	石槽峪	3	3925.08	1499.14	8166.73	548.11
156	石家沟	2	17489.24	6086.98	139.66	1760.28
157	石岭	4	19800.44	6920.97	1147.80	2015.31
158	双岭	1	8036.94	2906.44	3798.57	887.16
159	四　街	4	4768.60	1678.62	722.88	499.52
160	四村	0	2505.77	911.89	2291.11	296.03
161	四分村	4	5404.18	1932.28	2052.76	593.28
162	四各庄	4	4840.91	1718.69	1297.59	520.11
163	四家营	4	14139.79	4937.76	830.97	1441.13
164	四新庄	4	5709.43	2045.72	2415.17	629.06
165	宋各庄	4	3281.63	1283.71	4919.00	427.36
166	宋家坟	4	10893.75	3942.21	5870.49	1224.49
167	孙庄	2	3789.87	1596.71	12166.09	624.24
168	太平庄	4	2074.69	738.15	686.82	229.80
169	田家沟	1	2029.43	730.24	894.28	224.15
170	亭子岭	4	2576.38	912.21	579.65	276.73
171	头道河	1	10385.74	3627.59	604.65	1054.68
172	土山	4	9291.90	3385.70	5524.29	1048.95
173	坨上	4	7141.90	2587.36	4319.39	817.37
174	王各庄	1	5359.53	1925.77	1728.36	565.65
175	王各庄	2	4332.07	1670.11	9150.62	608.24
176	王各庄	4	4311.95	1518.61	805.50	455.09
177	王汉沟	2	6972.33	2549.94	3441.98	759.48
178	王家沟	1	4948.04	1833.78	3319.46	560.73
179	王家黑石	1	4197.61	1488.70	619.95	431.65
180	王铁庄	4	5123.35	1804.52	1004.59	544.63
181	王庄户	2	2556.78	955.65	4420.30	330.95
182	吴家沟	4	958.86	339.92	260.29	102.08
183	吴庄	0	2768.01	1069.81	5970.02	389.31
184	梧桐峪	4	770.89	278.86	408.91	88.61
185	五村	0	2799.57	1066.18	4593.84	370.29

村庄编号	村名	水系编号	现状村庄各污染物排放量(kg)			
			TN	TP	COD	NH_3-N
186	五达营	4	17047.96	6066.60	5284.13	1832.53
187	西花台	4	5207.82	1833.80	792.76	546.39
188	西马庄	4	3905.76	1392.26	1152.77	426.10
189	西吴庄	4	14627.13	5128.78	3463.11	1540.07
190	西峪沟	1	9452.07	3307.16	798.87	967.05
191	西张	4	2602.15	976.24	4141.33	333.59
192	西周	0	4220.89	1868.48	11403.81	580.87
193	下梨峪	4	8437.66	3208.49	8917.91	1019.21
194	下兴隆庄	4	3362.47	1197.35	968.64	362.89
195	相公庄	4	8583.32	3017.07	1170.14	896.04
196	向阳	4	8276.57	2948.50	2722.20	894.67
197	小峪	4	5599.85	1979.15	1121.56	594.02
198	小曹各寨	2	2658.97	961.10	755.27	276.82
199	小河峪	1	4386.90	1527.11	50.76	441.91
200	小岭	1	1133.00	394.03	49.74	117.35
201	小刘庄	4	7399.92	2721.07	4818.15	838.73
202	小彭庄	4	7531.40	2664.41	3604.77	819.09
203	小王屯	4	2873.67	1012.35	504.95	303.35
204	小新庄	4	1198.37	419.78	100.38	123.13
205	小杨	2	2147.08	780.60	2916.97	259.08
206	新立村	4	784.77	279.14	234.86	83.93
207	新挪寨	4	11858.27	4287.54	5115.16	1293.08
208	猩猩峪	1	962.41	341.19	211.38	105.25
209	邢家洼	4	5652.31	1989.16	847.57	591.46
210	兴甲子	4	2702.56	1049.86	3374.04	334.29
211	宣各寨	1	21902.65	7627.65	328.69	2217.00
212	严山头	4	9554.47	3370.41	1601.73	997.53
213	演武营	0	2012.04	722.80	1425.65	223.27
214	燕窝庄	4	19911.74	6997.63	2569.76	2086.84
215	杨山头	4	3883.31	1433.32	2069.08	422.48
216	杨上沟	4	9412.86	3287.51	441.88	954.99
217	杨树沟	2	3137.50	1093.11	82.08	320.42

村庄编号	村名	水系编号	现状村庄各污染物排放量(kg)			
			TN	TP	COD	$NH_3 - N$
218	腰站	4	7999.37	2828.81	1762.24	845.78
219	姚各庄	4	2559.78	903.52	526.31	270.97
220	垈各庄	2	4744.17	1974.63	13498.66	704.87
221	一街	4	3060.60	1088.24	873.24	331.38
222	一村	1	3050.55	1202.60	6869.50	451.41
223	一村	0	12962.68	4598.70	4273.19	1392.76
224	一分村	4	5859.90	2130.19	3685.45	675.05
225	印庄	4	5719.58	2008.81	764.42	597.63
226	于各庄	2	4530.29	1771.56	10501.22	659.75
227	峪门口	1	16423.56	5753.57	956.35	1669.64
228	袁家沟	3	3884.76	1570.55	11357.15	617.26
229	寨里庄	1	32086.32	11335.44	3878.83	3271.62
230	战马王	1	4419.68	1602.80	1672.72	466.37
231	张安子	4	10391.34	3635.89	782.90	1062.86
232	张各庄	4	3416.41	1233.48	1788.24	383.72
233	张各庄	1	10869.90	3786.79	125.01	1092.86
234	张家沟	4	11955.91	4380.01	8511.43	1387.99
235	张家黑石	1	1859.35	651.81	158.04	192.67
236	张家铺	4	2798.15	1018.22	4170.22	339.25
237	赵各庄	3	4077.66	1615.74	9624.28	603.76
238	赵官屯	4	7639.67	2707.26	1936.91	813.15
239	赵家峪	4	7661.32	2920.37	10429.40	1002.98
240	郑各庄	4	7876.77	2850.55	4413.76	891.66
241	重峪口	4	6615.48	2344.28	1360.03	704.60

注：水系 1 表示东洋河,2 表示迷雾河,3 表示麻姑营河,4 表示西洋河,0 表示直接入库。

附表2 各单元污染物应消减量

单元	水系	TN 应消减量（kg）	TP 应消减量（kg）	COD 应消减量（kg）	$NH_3 - N$ 应消减量（kg）
1	1	12119.22	26.58	0.00	80.59
2	1	5439.87	9.83	0.00	0.00
3	1	17947.93	38.50	0.00	104.43
4	1	29672.47	53.81	0.00	150.08
5	1	42170.55	47.14	0.00	13.43
6	1	9187.86	17.93	0.00	19.99
7	1	38838.54	23.54	0.00	0.00
8	1	16333.91	33.20	0.00	60.54
9	1	4808.17	7.42	0.00	0.00
10	1	34012.47	0.00	0.00	0.00
11	1	44749.62	36.17	0.00	0.00
12	1	14223.27	29.68	0.00	68.97
13	1	4305.82	0.00	0.00	0.00
14	1	62098.89	0.00	0.00	0.00
15	1	53562.19	0.00	0.00	0.00
16	1	5334.96	10.59	0.00	16.54
17	3	1861.71	11.63	0.00	0.00
18	3	2836.48	21.69	0.00	0.00
19	1	46565.74	0.00	0.00	0.00
20	1	1415.25	0.00	0.00	0.00
21	1	14917.99	9.16	0.00	0.00
22	1	256.24	0.00	0.00	0.00
23	1	3852.93	2.09	0.00	0.00
24	1	12809.63	17.69	0.00	0.00
25	1	12786.98	0.00	0.00	0.00
26	1	1747.54	0.00	0.00	0.00
27	1	5047.61	2.95	0.00	0.00
28	1	5218.43	0.00	0.00	0.00
29	1	818.53	0.00	0.00	0.00
30	1	49477.10	0.00	0.00	0.00
31	1	14708.56	0.00	0.00	0.00
32	1	2346.90	0.00	0.00	0.00

单元	水系	TN 应消减量（kg）	TP 应消减量（kg）	COD 应消减量（kg）	NH$_3$ – N 应消减量（kg）
33	1	11736.35	0.00	0.00	0.00
34	3	7491.20	35.59	0.00	0.00
35	1	3563.73	4.98	0.00	0.00
36	3	5257.07	45.87	0.00	0.00
37	1	547.21	0.00	0.00	0.00
38	1	225.63	0.00	0.00	0.00
39	1	3275.28	0.00	0.00	0.00
40	1	40634.80	0.00	0.00	0.00
41	3	3352.31	20.81	0.00	0.00
42	2	1929.64	14.75	0.00	0.00
43	1	4644.66	5.31	0.00	0.00
44	2	2254.55	16.46	0.00	0.00
45	3	3200.05	23.02	0.00	0.00
46	3	9244.11	80.36	0.00	0.00
47	1	3486.60	3.64	0.00	0.00
48	1	36251.49	0.00	0.00	0.00
49	4	924.90	10.92	0.00	0.00
50	1	1537.71	0.00	0.00	0.00
51	1	766.98	0.00	0.00	0.00
52	1	1251.84	0.00	0.00	0.00
53	4	3597.08	55.83	0.00	0.00
54	2	4489.85	45.66	0.00	72.26
55	2	7167.83	47.17	0.00	0.00
56	1	43564.99	0.00	0.00	0.00
57	1	7067.82	0.00	0.00	0.00
58	1	359.85	0.00	0.00	0.00
59	4	5274.40	67.98	0.00	0.00
60	3	26259.35	119.36	0.00	0.00
61	1	1074.58	0.00	0.00	0.00
62	4	1616.15	18.15	0.00	0.00
63	1	679.02	0.00	0.00	0.00
64	2	3138.77	26.44	0.00	18.47
65	2	12177.21	73.49	0.00	0.00

单元	水系	TN 应消减量(kg)	TP 应消减量(kg)	COD 应消减量(kg)	NH$_3$ – N 应消减量(kg)
66	2	23148.28	235.68	0.00	452.67
67	3	4476.76	42.73	0.00	9.08
68	3	27093.66	99.54	0.00	0.00
69	4	175.27	0.00	0.00	0.00
70	1	200.76	0.00	0.00	0.00
71	2	22452.31	236.07	0.00	491.52
72	2	13796.88	67.16	0.00	0.00
73	2	4888.51	49.43	0.00	96.88
74	2	11669.18	123.75	0.00	265.55
75	1	6386.85	6.97	0.00	0.00
76	1	370.94	0.00	0.00	0.00
77	2	6770.99	65.47	0.00	103.77
78	2	16466.64	139.20	0.00	277.34
79	1	214.33	0.00	0.00	0.00
80	1	43874.27	0.00	0.00	0.00
81	4	848.84	0.04	0.00	0.00
82	2	42464.57	353.93	0.00	779.23
83	4	648.85	6.95	0.00	0.00
84	2	1834.45	13.98	0.00	0.00
85	2	15961.53	65.15	0.00	0.00
86	1	235.02	0.00	0.00	0.00
87	4	279.95	0.34	0.00	0.00
88	4	1369.12	1.84	0.00	0.00
89	2	37153.71	223.39	0.00	22.49
90	2	15499.57	44.32	0.00	0.00
91	2	3280.35	32.22	0.00	32.07
92	2	53754.17	366.11	0.00	898.32
93	1	31656.23	71.75	0.00	245.54
94	1	41596.33	0.00	0.00	0.00
95	1	696.10	0.00	0.00	0.00
96	1	394.21	0.00	0.00	0.00
97	4	9223.17	87.78	0.00	0.00
98	2	4109.05	37.47	0.00	31.42

单元	水系	TN 应消减量(kg)	TP 应消减量(kg)	COD 应消减量(kg)	NH_3-N 应消减量(kg)
99	4	5217.98	92.40	641.89	0.00
100	2	9899.95	114.67	0.00	316.69
101	2	4355.02	38.04	0.00	11.32
102	1	54096.82	0.00	0.00	0.00
103	4	1365.34	18.15	0.00	0.00
104	4	725.34	8.97	0.00	0.00
105	4	2449.60	31.06	0.00	0.00
106	4	4725.74	63.20	0.00	0.00
107	3	36208.65	126.99	0.00	0.00
108	1	59709.82	0.00	0.00	0.00
109	1	10663.42	23.08	0.00	33.33
110	1	1074.54	0.00	0.00	0.00
111	4	2970.01	15.77	0.00	0.00
112	4	5671.48	65.21	0.00	0.00
113	3	2735.54	20.98	0.00	0.00
114	2	4356.28	42.00	0.00	53.62
115	1	7892.72	0.00	0.00	0.00
116	4	4460.38	68.29	0.00	0.00
117	1	1679.20	0.00	0.00	0.00
118	4	1180.18	13.49	0.00	0.00
119	1	51358.33	0.00	0.00	0.00
120	1	334.44	0.00	0.00	0.00
121	4	8364.80	68.83	0.00	0.00
122	3	33227.85	91.59	0.00	0.00
123	4	11223.28	94.71	0.00	0.00
124	4	7586.09	76.90	0.00	0.00
125	4	2979.30	42.45	0.00	0.00
126	4	10978.92	58.13	0.00	0.00
127	4	3787.57	57.66	0.00	0.00
128	2	58120.57	362.08	0.00	777.68
129	2	40663.61	200.09	0.00	0.00
130	4	268.20	1.00	0.00	0.00
131	3	3632.29	29.09	0.00	0.00

续表

单元	水系	TN 应消减量(kg)	TP 应消减量(kg)	COD 应消减量(kg)	NH₃ – N 应消减量(kg)
132	1	1748.17	0.00	0.00	0.00
133	1	550.75	0.00	0.00	0.00
134	3	27780.91	29.45	0.00	0.00
135	3	3308.19	25.28	0.00	0.00
136	1	2459.89	1.74	0.00	0.00
137	4	926.95	11.85	0.00	0.00
138	3	23678.72	0.00	0.00	0.00
139	1	804.35	0.00	0.00	0.00
140	1	1048.64	0.00	0.00	0.00
141	4	1276.14	8.81	0.00	0.00
142	4	6516.01	105.37	0.00	0.00
143	4	854.00	7.86	0.00	0.00
144	4	11873.89	53.91	0.00	0.00
145	1	5235.16	0.00	0.00	0.00
146	3	6919.62	54.20	0.00	0.00
147	1	2153.29	0.00	0.00	0.00
148	1	2423.82	0.00	0.00	0.00
149	1	50408.84	0.00	0.00	0.00
150	1	4284.83	5.42	0.00	0.00
151	4	4526.08	71.26	0.00	0.00
152	4	16497.62	88.10	0.00	0.00
153	4	8575.60	133.92	0.00	0.00
154	4	6469.33	78.55	0.00	0.00
155	1	4367.74	0.00	0.00	0.00
156	4	10389.12	141.88	0.00	0.00
157	1	1672.49	0.00	0.00	0.00
158	1	5712.33	0.00	0.00	0.00
159	4	6558.67	101.20	0.00	0.00
160	0	4741.47	52.81	0.00	47.05
161	0	16251.52	170.15	0.00	249.52
162	4	21582.39	214.16	0.00	0.00
163	3	38063.80	119.71	0.00	0.00
164	1	80766.07	0.00	0.00	0.00

单元	水系	TN 应消减量（kg）	TP 应消减量（kg）	COD 应消减量（kg）	NH₃ - N 应消减量（kg）
165	1	12492.03	0.00	0.00	0.00
166	4	7535.69	116.61	0.00	0.00
167	0	1869.88	10.69	0.00	0.00
168	4	17981.28	86.32	0.00	0.00
169	4	92397.37	166.69	0.00	0.00
170	4	15493.42	128.62	0.00	0.00
171	4	16533.90	189.30	0.00	0.00
172	4	7814.67	43.25	0.00	0.00
173	4	68537.79	0.00	0.00	0.00
174	4	27603.53	334.02	0.00	0.00
175	2	116157.36	684.45	0.00	930.56
176	0	40896.41	397.41	0.00	662.28
177	1	1410.77	0.00	0.00	0.00
178	4	50697.83	0.00	0.00	0.00
179	4	4314.88	70.81	0.00	0.00
180	4	10042.20	148.08	0.00	0.00
181	0	1065.07	6.73	0.00	0.00
182	0	6374.30	50.47	0.00	0.00
183	4	4033.29	59.27	0.00	0.00
184	4	3174.37	49.76	0.00	0.00
185	1	17124.93	35.08	0.00	73.19
186	4	5986.18	102.85	0.00	0.00
187	0	1542.54	7.43	0.00	0.00
188	1	79757.35	0.00	0.00	0.00
189	4	57674.27	566.85	0.00	0.00
190	4	30998.81	339.38	0.00	0.00
191	4	104880.86	535.31	0.00	0.00
192	4	49713.23	0.00	0.00	0.00
193	4	84984.64	0.00	0.00	0.00
194	4	699.09	8.50	0.00	0.00
195	0	3993.90	41.39	0.00	38.78
196	0	1308.83	7.90	0.00	0.00
197	4	25860.72	427.35	0.00	0.00

单元	水系	TN 应消减量（kg）	TP 应消减量（kg）	COD 应消减量（kg）	NH₃ – N 应消减量（kg）
198	4	739.79	7.50	0.00	0.00
199	0	2115.43	11.84	0.00	0.00
200	4	647.71	6.95	0.00	0.00
201	4	5100.42	36.34	0.00	0.00
202	4	2296.98	34.13	0.00	0.00
203	4	5716.19	79.08	0.00	0.00
204	4	70153.01	545.05	0.00	0.00
205	4	42820.93	216.24	0.00	0.00
206	4	17587.78	209.17	0.00	0.00
207	4	42684.71	225.56	0.00	0.00
208	4	1452.05	18.78	0.00	0.00
209	4	4360.57	67.07	0.00	0.00
210	4	9728.14	143.88	0.00	0.00
211	4	41116.67	476.66	0.00	0.00
212	4	43766.14	254.47	0.00	0.00
213	4	10705.80	171.79	0.00	0.00
214	4	17989.47	286.61	0.00	0.00
215	4	32484.20	201.42	0.00	0.00
216	4	5259.93	81.32	0.00	0.00
217	4	15840.43	206.92	0.00	0.00
218	4	32084.58	245.52	0.00	0.00
219	4	4819.42	53.50	0.00	0.00
220	4	22305.29	252.46	0.00	0.00
221	4	7791.06	123.49	0.00	0.00
222	4	33079.58	310.67	0.00	0.00
223	4	8633.44	136.83	0.00	0.00
224	4	4551.27	72.08	0.00	0.00
225	4	4648.31	78.55	0.00	0.00
226	4	35798.14	572.54	0.00	0.00
227	4	2744.99	37.45	0.00	0.00
228	4	6790.85	107.48	0.00	0.00
229	4	6383.27	95.77	0.00	0.00
230	4	28841.77	311.82	0.00	0.00

单元	水系	TN 应消减量(kg)	TP 应消减量(kg)	COD 应消减量(kg)	NH_3-N 应消减量(kg)
231	4	15982.94	200.04	0.00	0.00
232	4	5638.28	94.21	0.00	0.00
233	4	14375.92	209.57	0.00	0.00
234	4	2351.23	35.92	0.00	0.00
235	4	5501.47	84.58	0.00	0.00
236	4	18227.73	294.68	0.00	0.00
237	3	15856.22	82.02	0.00	0.00

注：水系 1 表示东洋河,2 表示迷雾河,3 表示麻姑营河,4 表示西洋河,0 表示直接入库;单元 ∗ 表示沟口。

附表3 河道治理前后各单元水域纳污能力对照表

单元	水系	治理前水域纳污量(t/a)				治理后水域纳污量(t/a)			
		TN	TP	COD	NH$_3$-N	TN	TP	COD	NH$_3$-N
1	1	1.63	0.16	47.83	1.95	2.36	0.23	69.28	2.82
2	1	1.25	0.12	36.77	1.50	1.81	0.18	53.26	2.17
3	1	2.60	0.26	76.58	3.11	3.77	0.37	110.92	4.51
4	1	15.16	1.48	597.22	17.97	18.68	1.83	724.65	22.25
5	1	51.75	4.97	1312.26	61.28	81.32	7.14	1914.31	96.86
6	1	1.77	0.18	52.07	2.12	2.56	0.25	75.42	3.07
7	1	83.85	6.26	1674.19	77.76	111.65	9.08	3339.91	132.11
8	1	2.82	0.28	82.96	3.37	4.09	0.40	120.16	4.89
9	1	1.38	0.14	40.54	1.65	2.00	0.20	58.72	2.39
10	1	106.24	8.76	2339.52	109.88	155.59	12.80	4654.47	181.55
11	1	79.85	7.84	2368.27	94.71	96.16	9.46	3899.45	114.17
12	1	2.28	0.23	67.17	2.73	3.31	0.33	97.28	3.96
13	1	3.32	0.33	97.72	3.97	4.81	0.48	141.55	5.76
14	1	211.38	18.60	4946.15	225.40	327.27	26.61	9845.67	383.56
15	1	282.14	23.03	6275.72	284.52	413.09	33.40	12461.65	482.00
16	1	0.96	0.10	28.34	1.15	1.40	0.14	41.05	1.67
17	3	1.00	0.10	29.34	1.19	1.45	0.14	42.50	1.73
18	3	1.20	0.12	35.25	1.43	1.74	0.17	51.06	2.08
19	1	289.14	25.24	6621.63	312.52	452.45	36.36	13498.25	523.95
20	1	1.59	0.16	46.70	1.90	2.30	0.23	67.64	2.75
21	1	30.35	2.97	876.98	36.02	36.36	3.57	1477.64	67.47
22	1	1.39	0.14	40.94	1.67	2.02	0.20	59.30	2.41
23	1	2.13	0.21	62.77	2.55	3.09	0.31	90.92	3.70
24	1	4.31	0.43	126.74	5.15	6.24	0.62	183.57	7.47
25	1	181.60	13.92	3693.46	170.57	247.64	20.05	7429.34	293.47
26	1	44.76	4.39	1322.42	53.13	53.79	5.28	2177.23	63.92
27	1	2.68	0.26	78.75	3.20	3.88	0.38	114.06	4.64
28	1	6.31	0.62	185.51	7.54	9.14	0.90	268.69	10.93
29	1	1.34	0.13	39.39	1.60	1.94	0.19	57.05	2.32
30	1	431.29	39.38	10604.19	494.09	697.51	57.42	21399.88	826.04

单元	水系	治理前水域纳污量(t/a)				治理后水域纳污量(t/a)			
		TN	TP	COD	NH$_3$-N	TN	TP	COD	NH$_3$-N
31	1	114.83	10.82	2909.53	134.54	194.25	15.61	5795.24	222.26
32	1	1.77	0.17	51.96	2.11	2.56	0.25	75.26	3.06
33	1	170.08	12.18	3278.18	153.19	216.90	17.63	6562.09	257.88
34	3	27.39	2.57	682.90	31.92	46.29	3.70	1377.25	53.38
35	1	1.20	0.12	35.20	1.43	1.73	0.17	50.98	2.07
36	3	1.89	0.19	55.59	2.26	2.74	0.27	80.52	3.27
37	1	2.64	0.26	77.53	3.15	3.82	0.38	112.30	4.57
38	1	1.02	0.10	30.15	1.23	1.48	0.15	43.67	1.78
39	1	90.94	11.38	1935.19	88.22	129.23	10.38	3790.90	147.83
40	1	534.35	41.00	11211.24	511.60	732.44	59.99	22035.05	851.87
41	3	2.11	0.21	62.03	2.52	3.05	0.30	89.84	3.65
42	2	1.12	0.11	32.96	1.34	1.62	0.16	47.73	1.94
43	1	1.85	0.18	54.34	2.21	2.68	0.26	78.70	3.20
44	2	1.36	0.14	40.12	1.63	1.98	0.20	58.11	2.36
45	3	1.48	0.15	43.56	1.77	2.15	0.21	63.09	2.57
46	3	3.88	0.38	114.22	4.65	5.63	0.56	165.44	6.73
47	1	1.50	0.15	44.11	1.79	2.17	0.21	63.89	2.60
48	1	630.95	46.44	12297.65	571.69	825.31	66.67	25176.83	966.82
49	4	1.05	0.10	30.75	1.25	1.51	0.15	44.53	1.81
50	1	1.68	0.17	49.32	2.01	2.43	0.24	71.43	2.91
51	1	3.43	0.34	100.84	4.10	4.97	0.49	146.05	5.94
52	1	48.14	4.73	1321.03	57.20	57.90	5.68	2353.61	68.55
53	4	3.38	0.33	99.50	4.05	4.90	0.49	144.11	5.86
54	2	1.50	0.15	44.18	1.80	2.18	0.22	64.00	2.60
55	2	15.65	1.53	625.01	18.60	41.06	3.32	1249.04	48.68
56	1	479.71	43.43	11440.35	540.81	778.64	62.57	22970.71	908.16
57	1	154.16	12.54	3418.03	155.47	225.96	18.26	6778.89	263.33
58	1	1.86	0.18	54.78	2.23	2.70	0.27	79.35	3.23
59	4	16.32	1.59	631.93	19.34	56.31	4.50	1689.20	65.53
60	3	95.33	9.15	2398.13	112.29	160.35	13.11	4919.81	190.84
61	1	77.87	6.30	1664.99	77.00	110.89	9.02	3411.61	130.08
62	4	2.84	0.28	83.44	3.39	4.11	0.41	120.86	4.92

单元	水系	治理前水域纳污量(t/a)				治理后水域纳污量(t/a)			
		TN	TP	COD	NH_3-N	TN	TP	COD	NH_3-N
63	1	3.66	0.36	107.69	4.38	5.30	0.53	155.99	6.34
64	2	1.08	0.11	31.65	1.29	1.56	0.15	45.84	1.86
65	2	52.33	4.02	1099.84	49.53	72.97	5.84	2170.86	83.91
66	2	3.21	0.32	94.51	3.84	4.65	0.46	136.88	5.57
67	3	1.31	0.13	38.57	1.57	1.90	0.19	55.87	2.27
68	3	136.90	10.80	2943.61	133.51	197.69	15.86	5914.47	229.32
69	4	1.18	0.12	34.81	1.42	1.71	0.17	50.43	2.05
70	1	1.06	0.11	31.18	1.27	1.54	0.15	45.17	1.84
71	2	2.54	0.25	74.67	3.04	3.68	0.36	108.15	4.40
72	2	56.31	4.95	1322.17	107.84	89.02	7.27	2648.15	105.25
73	2	1.19	0.12	35.05	1.43	1.73	0.17	50.77	2.06
74	2	1.38	0.14	40.68	1.65	2.00	0.20	58.93	2.40
75	1	2.59	0.26	76.28	3.10	3.76	0.37	110.48	4.49
76	1	2.36	0.23	69.29	2.82	3.41	0.34	100.36	4.08
77	2	1.21	0.12	35.46	1.44	1.75	0.17	51.36	2.09
78	2	11.12	1.09	428.58	13.19	28.27	2.28	860.09	33.02
79	1	1.24	0.12	36.36	1.48	1.79	0.18	52.66	2.14
80	1	637.12	59.96	16355.11	745.79	1082.75	87.28	32210.15	1273.45
81	4	5.56	0.54	190.17	6.62	15.41	1.52	601.22	18.40
82	2	55.66	4.16	1119.05	51.61	74.98	6.07	2211.62	87.75
83	4	1.02	0.10	29.95	1.22	1.47	0.15	43.37	1.76
84	2	1.02	0.10	30.10	1.22	1.48	0.15	43.59	1.77
85	2	69.19	6.07	1613.23	75.31	108.74	8.88	3308.20	128.01
86	1	1.15	0.11	33.81	1.37	1.67	0.16	48.97	1.99
87	4	1.19	0.12	35.13	1.43	1.73	0.17	50.88	2.07
88	4	15.01	1.47	586.09	17.80	49.91	4.05	1493.17	58.70
89	2	114.61	10.74	2922.49	135.54	193.57	15.53	5774.54	224.97
90	2	81.93	7.16	1909.69	88.85	129.37	10.26	3848.81	148.33
91	2	1.41	0.14	41.47	1.69	2.04	0.20	60.06	2.44
92	2	77.18	6.57	1780.20	81.98	119.39	9.60	3591.77	138.94
93	1	4.15	0.41	121.91	4.96	6.00	0.59	176.58	7.18
94	1	785.69	63.21	16786.63	794.47	1134.31	92.33	33743.02	1344.18

单元	水系	治理前水域纳污量（t/a）				治理后水域纳污量（t/a）			
		TN	TP	COD	NH₃−N	TN	TP	COD	NH₃−N
95	1	10.05	0.98	393.84	11.94	12.47	1.22	477.85	14.84
96	1	1.42	0.14	41.75	1.70	2.06	0.20	60.47	2.46
97	4	58.98	5.79	1949.76	70.00	127.94	10.40	3859.96	150.06
98	2	1.15	0.11	33.80	1.37	1.66	0.16	48.96	1.99
99	4	3.42	0.34	100.58	4.09	4.95	0.49	145.69	5.92
100	2	1.88	0.19	55.42	2.25	2.73	0.27	80.28	3.26
101	2	1.51	0.15	44.38	1.80	2.19	0.22	64.28	2.61
102	1	786.82	66.45	17496.73	830.29	1172.16	95.72	35463.12	1397.48
103	4	0.86	0.09	25.43	1.03	1.25	0.12	36.84	1.50
104	4	0.78	0.08	22.92	0.93	1.13	0.11	33.20	1.35
105	4	2.57	0.25	75.45	3.07	3.72	0.37	109.29	4.44
106	4	4.60	0.46	135.24	5.50	6.66	0.66	195.88	7.97
107	3	171.07	14.67	3980.08	183.36	261.92	21.29	7879.79	311.60
108	1	1045.42	77.15	20449.19	967.85	1378.01	111.90	41572.90	1629.84
109	1	2.72	0.27	80.06	3.26	3.94	0.39	115.95	4.72
110	1	28.63	2.81	1111.15	34.05	34.95	3.44	1382.89	41.56
111	4	25.92	2.54	1034.76	30.76	71.98	5.81	2129.47	83.00
112	4	14.47	1.42	547.10	17.18	54.23	4.91	1846.61	64.45
113	3	0.96	0.10	28.37	1.15	1.40	0.14	41.08	1.67
114	2	1.10	0.11	32.43	1.32	1.60	0.16	46.97	1.91
115	1	31.27	3.08	1248.19	37.20	38.55	3.78	1502.68	45.67
116	4	2.31	0.23	67.80	2.76	3.34	0.33	98.21	3.99
117	1	1.15	0.11	33.70	1.37	1.66	0.16	48.82	1.99
118	4	1.56	0.15	46.03	1.87	2.27	0.22	66.67	2.71
119	1	812.24	73.64	19431.81	910.94	1322.44	106.63	39673.08	1542.39
120	1	0.93	0.09	27.35	1.11	1.35	0.13	39.61	1.61
121	4	54.36	5.34	1637.25	64.67	109.20	8.84	3285.03	126.87
122	3	216.26	16.15	4318.48	198.46	285.73	23.11	8644.50	335.69
123	4	60.49	5.93	1695.79	71.73	114.08	9.23	3412.92	132.59
124	4	32.72	3.21	1224.04	38.94	80.24	6.44	2380.05	94.19
125	4	2.15	0.21	63.35	2.58	3.12	0.31	91.75	3.73
126	4	106.21	9.56	2578.74	119.16	172.02	13.77	5117.40	201.84

单元	水系	治理前水域纳污量（t/a）				治理后水域纳污量（t/a）			
		TN	TP	COD	NH$_3$-N	TN	TP	COD	NH$_3$-N
127	4	1.77	0.18	52.08	2.12	2.56	0.25	75.44	3.07
128	2	120.55	8.89	2346.89	110.98	160.31	13.00	4849.46	188.05
129	2	131.98	12.21	3339.08	152.66	218.60	17.65	6558.13	257.73
130	4	0.88	0.09	25.93	1.05	1.28	0.13	37.56	1.53
131	3	1.45	0.14	42.68	1.74	2.10	0.21	61.82	2.51
132	1	82.44	6.11	1634.11	74.87	97.81	8.85	3244.87	116.08
133	1	1.01	0.10	29.85	1.21	1.47	0.15	43.24	1.76
134	3	209.96	16.96	4529.12	209.96	309.08	24.85	9067.34	355.22
135	3	1.14	0.11	33.54	1.36	1.65	0.16	48.58	1.98
136	1	1.22	0.12	35.82	1.46	1.76	0.17	51.88	2.11
137	4	1.00	0.10	29.38	1.19	1.45	0.14	42.56	1.73
138	3	249.92	18.12	4829.86	220.69	325.80	26.06	9557.86	377.14
139	1	2.73	0.27	80.23	3.26	3.95	0.39	116.21	4.73
140	1	3.61	0.36	106.30	4.32	5.23	0.52	153.96	6.26
141	4	7.43	0.73	277.24	8.80	26.97	2.60	977.83	31.96
142	4	1.68	0.17	49.39	2.01	2.43	0.24	71.54	2.91
143	4	2.06	0.20	60.55	2.46	2.98	0.30	87.70	3.57
144	4	137.74	11.01	2890.78	136.60	198.87	15.83	5850.59	228.01
145	1	192.90	14.70	3845.22	180.26	261.07	21.22	7875.93	304.28
146	3	2.28	0.23	67.10	2.73	3.30	0.33	97.19	3.95
147	1	1.90	0.19	55.85	2.27	2.75	0.27	80.89	3.29
148	1	85.94	7.36	1938.56	91.52	131.06	10.65	3909.81	154.22
149	1	941.68	78.93	21145.76	966.18	1406.58	113.30	41842.68	1658.91
150	1	1.56	0.15	45.87	1.87	2.26	0.22	66.44	2.70
151	4	1.37	0.14	40.32	1.64	1.99	0.20	58.39	2.37
152	4	142.14	13.13	3502.65	163.44	232.73	18.96	7060.67	272.12
153	4	3.06	0.30	90.11	3.66	4.44	0.44	130.52	5.31
154	4	18.65	1.82	717.08	22.11	66.77	5.35	2008.72	77.17
155	1	106.99	9.10	2460.61	113.31	235.98	13.13	4950.61	188.83
156	4	7.42	0.73	218.19	8.87	10.75	1.06	316.03	12.85
157	1	1.20	0.12	35.26	1.43	1.74	0.17	51.08	2.08
158	1	227.51	16.57	4485.78	208.59	297.03	23.90	8960.87	347.70

单元	水系	治理前水域纳污量(t/a)				治理后水域纳污量(t/a)			
		TN	TP	COD	NH_3-N	TN	TP	COD	NH_3-N
159	4	3.07	0.30	90.34	3.67	4.45	0.44	130.85	5.32
160	0	1.10	0.11	32.39	1.32	1.60	0.16	46.91	1.91
161	0	3.47	0.34	101.94	4.15	5.02	0.50	147.65	6.00
162	4	135.28	12.78	3449.94	156.00	225.40	18.36	6876.95	266.27
163	3	273.48	20.84	5632.82	257.63	374.09	30.02	11034.92	437.73
164	1	1232.32	100.52	27052.86	1221.99	1764.12	144.31	52923.53	2093.28
165	1	217.74	18.84	5118.59	232.80	337.09	27.42	10169.51	394.92
166	4	3.06	0.30	90.00	3.66	4.43	0.44	130.36	5.30
167	0	1.56	0.15	45.83	1.86	2.26	0.22	66.39	2.70
168	4	184.37	14.97	4007.08	186.44	269.97	21.76	8031.48	310.51
169	4	1145.63	84.76	22531.11	1040.40	1506.15	122.30	45057.37	1755.92
170	4	177.37	11.10	3004.95	137.81	198.97	16.10	5985.81	233.46
171	4	57.42	5.62	1703.18	68.06	112.73	9.14	3391.30	131.92
172	4	76.48	7.51	2039.47	90.81	138.85	11.04	4096.35	161.15
173	4	1322.21	100.56	27033.05	1235.20	1783.15	144.35	53948.30	2100.72
174	4	55.84	5.46	1559.78	66.16	105.45	8.53	3163.60	122.46
175	2	329.00	23.98	6376.05	299.88	424.66	34.49	12848.22	499.36
176	0	3.82	0.38	112.32	4.57	5.53	0.55	162.69	6.62
177	1	1.74	0.17	51.29	2.09	2.53	0.25	74.29	3.02
178	4	1499.29	116.17	31349.53	1451.04	2065.75	166.76	63195.26	2415.14
179	4	2.42	0.24	71.30	2.90	3.51	0.35	103.27	4.20
180	4	12.41	1.21	477.86	14.73	44.05	3.57	1351.29	52.00
181	0	0.68	0.07	20.12	0.82	0.99	0.10	29.14	1.18
182	0	2.42	0.24	71.25	2.90	3.51	0.35	103.20	4.20
183	4	2.17	0.21	63.78	2.59	3.14	0.31	92.38	3.76
184	4	0.93	0.09	27.23	1.11	1.34	0.13	39.45	1.60
185	1	2.83	0.28	83.24	3.39	4.10	0.41	120.56	4.90
186	4	1.69	0.17	49.70	2.02	2.45	0.24	71.98	2.93
187	0	1.58	0.16	46.56	1.89	2.29	0.23	67.44	2.74
188	1	1124.46	103.72	27841.62	1288.72	277.86	26.82	8180.68	329.58
189	4	144.16	13.75	3656.76	169.74	245.86	19.81	7334.55	284.28
190	4	233.94	12.89	3480.20	161.30	230.30	18.69	7045.41	272.52

单元	水系	治理前水域纳污量（t/a）				治理后水域纳污量（t/a）			
		TN	TP	COD	NH$_3$–N	TN	TP	COD	NH$_3$–N
191	4	731.26	61.66	16259.46	761.04	1104.91	88.36	32592.78	1283.57
192	4	1249.84	103.10	27325.17	1281.62	1814.46	147.24	55047.69	2146.92
193	4	1117.66	97.18	25573.00	1211.66	1744.42	140.47	52770.12	2021.59
194	4	1.08	0.11	31.90	1.30	1.57	0.16	46.21	1.88
195	0	1.25	0.12	36.84	1.50	1.81	0.18	53.36	2.17
196	0	0.97	0.10	28.44	1.16	1.40	0.14	41.19	1.68
197	4	7.04	0.70	207.07	8.42	10.20	1.01	299.92	12.20
198	4	1.27	0.13	37.28	1.52	1.84	0.18	54.00	2.20
199	0	1.70	0.17	49.98	2.03	2.46	0.24	72.39	2.94
200	4	1.01	0.10	29.62	1.20	1.46	0.14	42.90	1.74
201	4	42.23	4.13	1385.83	49.98	92.19	7.50	2828.26	107.58
202	4	1.17	0.12	34.31	1.40	1.69	0.17	49.70	2.02
203	4	3.58	0.35	105.30	4.28	5.19	0.51	152.52	6.20
204	4	357.67	27.79	7497.85	341.32	494.17	40.31	14866.95	574.99
205	4	344.56	27.63	7487.51	344.56	489.25	40.01	14594.97	578.67
206	4	32.85	3.21	1183.65	38.99	79.39	6.47	2381.62	93.41
207	4	313.89	24.59	6531.65	307.93	445.83	35.91	13079.00	516.09
208	4	1.55	0.15	45.45	1.85	2.24	0.22	65.83	2.68
209	4	2.79	0.28	81.94	3.33	4.04	0.40	118.68	4.83
210	4	2.53	0.25	74.46	3.03	3.67	0.36	107.85	4.39
211	4	120.24	9.01	2432.09	111.84	159.23	13.00	4884.91	189.84
212	4	274.32	22.35	6101.71	273.55	402.75	32.36	11814.49	460.82
213	4	2.59	0.26	76.07	3.09	3.75	0.37	110.18	4.48
214	4	4.27	0.42	125.54	5.11	6.18	0.61	181.84	7.39
215	4	179.04	15.96	4315.86	194.44	287.11	22.95	8446.01	334.88
216	4	2.47	0.24	72.65	2.95	3.58	0.35	105.22	4.28
217	4	25.32	2.47	1004.18	30.02	72.29	5.75	2144.76	82.70
218	4	167.78	13.55	3582.97	165.93	238.87	19.59	7327.71	281.97
219	4	7.21	0.71	212.14	8.63	10.45	1.03	307.26	12.50
220	4	44.80	4.39	1475.84	53.21	98.94	8.05	2951.54	115.27
221	4	3.33	0.33	97.98	3.98	4.83	0.48	141.92	5.77
222	4	142.18	11.36	2990.72	141.40	202.47	16.39	6023.42	233.53

单元	水系	治理前水域纳污量(t/a)				治理后水域纳污量(t/a)			
		TN	TP	COD	NH_3-N	TN	TP	COD	NH_3-N
223	4	2.34	0.23	68.83	2.80	3.39	0.34	99.69	4.05
224	4	1.21	0.12	35.70	1.45	1.76	0.17	51.71	2.10
225	4	1.37	0.14	40.30	1.64	1.98	0.20	58.37	2.37
226	4	7.38	0.73	217.06	8.83	10.69	1.06	314.39	12.79
227	4	2.39	0.24	70.29	2.86	3.46	0.34	101.80	4.14
228	4	2.51	0.25	73.83	3.00	3.64	0.36	106.94	4.35
229	4	3.55	0.35	104.37	4.24	5.14	0.51	151.17	6.15
230	4	106.07	8.51	2243.46	105.48	152.73	12.19	4518.40	178.57
231	4	23.92	2.34	949.46	28.35	66.37	5.27	1969.15	76.65
232	4	1.04	0.10	30.58	1.24	1.51	0.15	44.29	1.80
233	4	11.23	1.10	424.40	13.35	42.16	3.70	1372.35	50.10
234	4	1.62	0.16	47.65	1.94	2.35	0.23	69.02	2.81
235	4	2.30	0.23	67.52	2.75	3.33	0.33	97.79	3.98
236	4	5.25	0.52	154.42	6.28	7.60	0.75	223.67	9.10
237	3	74.51	5.69	1538.50	70.34	101.31	8.33	3073.66	119.99

注：水系1表示东洋河,2表示迷雾河,3表示麻姑营河,4表示西洋河,0表示直接入库;单元 * 表示沟口。

参考文献

[1] Ballatore T. 5. 14 Lake Biwa and the World's Lakes: Rapporteurs: Williams and Ballatore. Participants:50[J]. Water Policy,2001,3:S205 – S207.

[2] Benndorf J,pütz K. Control of eutrophication of lakes and reservoirs by means of per-reservoirs. I. Modes of operation and calculation of the nutrient elimination capacity[J]. Wat. Res. 1987,21:829 – 838.

[3] Beuschold E. Entwicklungszendenzen der Wasserbeschaffenheit in den Ostharz – Talsperren [J]. Wiss. Zeitschr. Karl-Marx-Univ. Leipzig, Math. -Nat. Reihe, 1966,15:853 – 869.

[4] Boers P C M. Nutrient emissions from agriculture in the Netherlands,causes and remedies [J]. Water Science & Technology,1996,33(4):183 – 189.

[5] Cooter W S. Clean Water Act assessment processes in relation to changing U. S. Environmental Protection Agency management strategies[J]. Environmental Science & Technology, 2004,38(20):5265 – 73.

[6] DAKovacic, R MTwait,M P Wallace,et al. Use of created wet-lands to improve water quality in the Midwest-lake Bloomington case study[J]. Ecological Engineering,2006. 28: 258 – 270.

[7] Easton Z M Gérard-Marchant P,Walter M T,et al. Identifying dissolved phosphorus source areas and predicting transport from an urban watershed using distributed hydrologic modeling[J]. Water Resources Research,2007,43(11):2578 – 2584.

[8] Ellis J,Walton J,Hassan J A. Bill Luckin,Pollution and Control. A social history of the Thames in the nineteenth-century. Bristol and Boston:Adam Hilger,1986. x + 198 pp. 2 plates, 13 figures. Tables. Bibliography. &22. 50. [J]. Urban History,2009,14.

[9] Fiala L,Vassata P. Phosphorus reduction in a man-made lake by means of a small reservoir in the inflow[J]. Arch. Hydrobiol,1982,94:24 – 37.

[10] Haith D A,Shoenaker L L. GENERALIZED WATERSHED LOADING FUNCTIONS FOR STREAM FLOW NUTRIENTS 1[J]. Jawra Journal of the American Water Resources Association,2010,23(3):471 – 478.

[11] Julia A C,Laura G. Temporary floating island formation maintains wetland plant species richness:The role of the seed bank[J] . Aquatic Botany,2006,85:29 – 36.

[12] Klapper H. Biologische untersuchungen a den einlaufen undvorbeckend ers aidenbach tal-sperre[J]. Wiss. Zeitschr. Karl-Marx-Univ. Leipzig, Math. -Nat. Reihe, 1957, 7:11 – 47.

[13] L Paul. Nutrient elimination in pre-dam of long term studies[J]. Hydrobiologia, 2003, 504: 289 – 295.

[14] Nalkamura K, Morikawa T, Y Shimatani. Pollutants control by the artificial lagoon, Environment System Research[J]. JSCE. 2000, 28:115 – 123.

[15] Neal C, Neal M, Wickham H, et al. The water quality of a tributary of the Thames, the Pang, southern England.[J]. Science of the Total Environment, 2000, 251(251 – 252): 459 – 475.

[16] Siegfried LKratmss, Tian Hua He. Rapidgenetic identification of local provenance seed collection zones for ecological restoration and biodiversity conservation[J]. Journal for Nature Conservation, 2006. 14:190 – 199.

[17] ThomasDeppe, Jurgen Benndorf. Phosphorus reduction in a shallow hypereutrophic reservoir by in-lake dosage of ferrous iron[J]. Water Research, 2002, 36:4525 – 4534.

[18] Wilhelmus B, Bemhardt H, Neumann D. Vergleichende untersuchungen uber die phosphoreliminierung von vorsperren DV[J]. GW-Schrifetenreihe Wasser Nr. 1978, 16:140 – 176.

[19] 边金钟, 王建华, 等. 于桥水库富营养化防治前置库对策可行性研究. 城市环境与城市生态, 1994, 7(3):5 – 9.

[20] 陈景荣, 王立志. 云蒙湖前置库浅水生态净化区植物对水质净化特征分析[J]. 生态科学, 2016, 35(1) 136 – 142.

[21] 陈凯麟, 李平衡, 密小斌. 温排水对湖泊水库富营养化影响的数值模拟[J]. 水力学报, 1999, 1:22 – 26.

[22] 陈平. 洋河水库流域纳污能力及消减量分析[J]. 安徽农业科学, 2017, 45(20):81 – 85.

[23] 陈西平, 黄时达. 涪陵地区农田径流污染输出负荷定量化[J]. 环境科学, 1991, 12(3):5 – 79.

[24] 陈欣, 马建, 史奕, 等. 一种净化山地小流域水体的多级生态透水坝[P]. 辽宁: CN102211817A, 2011 – 10 – 12.

[25] 董慧峪, 王为东, 强志民. 透水坝原位净化山溪性污染河流[J]. 环境工程学报, 2014, 8(10):4249 – 4253.

[26] 冯建社, 凌绍华. 洋河水库污染现状及防治对策探讨[J]. 环境与发展, 2014, (03): 109 – 111.

[27] 傅长锋. 滤水坝设计[J]. 水科学与工程技术, 2006(S1):28 – 30.

[28]顾利军.洋河水库流域系统水环境联合数学模型研究与应用[D].天津大学,2017.

[29]郭鸿鹏,徐北春,刘春霞,舒坤良.丹麦农业生产水污染综合防治政策及启示[J].环境保护,2015,43(16):68-71.

[30]韩龙喜.三峡大坝施工期水环境三维数值预测方法[J].水科学进展,2002,13(4):427-432.

[31]侯孝宗.农业非点源污染的研究进展与治理对策[J].工程与建设,2013,27(04):440-442.

[32]胡永定.徐州沛沿河区域农业面源污染机理及控制技术研究[D].中国矿业大学,2010.

[33]焦玉玲,杨天行,王孝军.鞍山市西郊区水位预测[J].世界地质,2003,22(1):73-76.

[34]李国伟,杨静.生态滤水坝技术在樊家窝水库中的设计及应用[J].价值工程,2010,29(21):141-142.

[35]刘冬燕,冯雷.一种组合式生态透水坝[P].上海:CN104452674A,2015-03-25.

[36]刘枫,王华东.流域非点源污染的量化识别方法及其在于桥水库流域的应用[J].地理学报,1988,43(3):329-339.

[37]刘庄,晁建颖,张丽,解宇锋,庄巍,何斐.中国非点源污染负荷计算研究现状与存在问题[J].水科学进展,2015,26(03):432-442.

[38]彭红,张万顺,夏军等.河流综合水质生态模型[J].武汉大学学报,2002,35(4):56-59.

[39]沙成刚.基于Geo-Studio的土石坝渗流与稳定分析研究[D].兰州理工大学,2014.

[40]施卫明,薛利红,王建国,刘福兴,宋祥甫,杨林章.农村面源污染治理的"4R"理论与工程实践——生态拦截技术[J].农业环境科学学报,2013,32(09):1697-1704.

[41]田猛,张永春,张龙江.透水坝渗流流量计算模型的选择[J].中国给水排水,2006(13):22-25.

[42]田猛,张永春.一种生态透水坝及其设计与施工方法[P].江苏:CN1851141,2006-10-25.

[43]田猛,张永春.用于控制太湖流域农村面源污染的透水坝技术试验研究[[J].环境科学学报,2006,26(10):1665-1670.

[44]涂佳敏.生态沟渠处理农田氮磷污水的实验与模拟研究[D].天津大学,2014.

[45]夏军,翟晓燕,张永勇.水环境非点源污染模型研究进展[J].地理科学进展,2012,31(7):941-952.

[46]谢涛,康彩霞,唐文魁,张新英.中国农业非点源污染现状及控制措施[J].广西师范学院学报(自然科学版),2010,27(04):69-73.

[47]徐祖信,叶建锋.前置库技术在水库水源地面源污染控制中的应用[J].长江流域资源与环境,2005,14(6):792-795.

[48]杨具瑞,方铎.湖泊暴雨径流水质模拟研究[J].环境科学学报,1999,19(1):37-41.

[49]杨文龙,杜娟,等.前置库在滇池非点污染源控制中的应用研究.云南环境科学,1996,12(4):8-10.

[50]杨育红,阎百兴.中国东北地区非点源污染研究进展[J].应用生态学报,2010,21(03):777-784.

[51]于峰,史正涛,彭海英.农业非点源污染研究综述[J].环境科学与管理,2008,33(8):54-58.

[52]袁冬海,席北斗,魏自民等.微生物-水生生物强化系统模拟处理富营养化水体的研究[J].农业环境科学学报,2007,26(1):19-23.

[53]张安庆.田间排水沟滤水截污水力翻板闸坝设计研究[D].扬州大学,2016.

[54]张冬倩.洋河水库水质现状分析[J].科技风,2013(18):136-137.

[55]张晟,熊友才,吴晓辉,等.苏南黑臭河道整治工程介绍[J].给水排水,2010,36(2):31-34.

[56]张毅敏,张永春.前置库技术在太湖流域面源污染控制中的应用探讨[J].环境污染与防治,2003,12(6):342-344.

[57]张永春,张毅敏,胡孟春,等.平原河网地区面源污染控制的前置库技术研究[J].中国水利.2006,17:15-18.

[58]张永春,张毅敏,胡孟春,张龙江,唐晓燕,田猛,吴小敏.平原河网地区面源污染控制的前置库技术研究[J].中国水利,2006(17):14-18.

[59]张永春,张毅敏,胡孟春,张龙江,田猛,唐小燕,吴小敏.平原河网地区面源污染强化净化前置库系统[P].江苏:CN1621622,2005-06-01.

[60]张韵,李崇明,封丽,等.重庆市水库型饮用水源地水质安全评价[J].长江科学院院报,2010,(10):19-22.

[61]张志勇,郑建初,刘海琴,等.凤眼莲对不同程度富营养化水体氮磷的去除贡献研究[J].中国生态农业学报,2010,18(1):152-157.

[62]赵双双.前置库及半透水坝的结构设计研究[D].华南理工大学,2011.

[63]朱铭捷,胡洪营,何苗等.河道滞留塘对河水中有机物的去除特性!J]中国给水排水,2006,22(3):58-64.

[64]朱萱,鲁纪行,边金钟,等.农田径流非点源污染特征及负荷定量化方法探讨[J].环境科学,1985,6(5):6-11.